知夏君 著

一个人，刚刚好

中国友谊出版公司

图书在版编目（CIP）数据

一个人，刚刚好 / 梁知夏君著 . —— 北京：中国友
谊出版公司，2020.11
ISBN 978-7-5057-4993-1

Ⅰ . ①一… Ⅱ . ①梁… Ⅲ . ①成功心理－通俗读物
Ⅳ . ① B848.4－49

中国版本图书馆 CIP 数据核字 (2020) 第 175608 号

书名	一个人，刚刚好
作者	梁知夏君
出版	中国友谊出版公司
发行	中国友谊出版公司
经销	新华书店
印刷	天津中印联印务有限公司
规格	880×1230 毫米　32 开
	8 印张　138 千字
版次	2020 年 11 月第 1 版
印次	2020 年 11 月第 1 次印刷
书号	ISBN 978-7-5057-4993-1
定价	42.00 元
地址	北京市朝阳区西坝河南里 17 号楼
邮编	100028
电话	(010) 64678009

前　言

不是所有的鱼都生活在同一片海洋里

　　因为写作的缘故，我认识了无数身处天南海北却未曾谋面的朋友，而情感博主的人设让我自带了倾听者的属性，所以在无数个夜深人静的晚上，我都会隔着手机屏幕，接收着来自这个星球不知从何处发出的悲伤。

　　这些悲伤的外衣不尽相同，或来自职场上的格格不入，或来自情感上的求而不得，但无数的悲伤追溯到源头就只剩下了一个问题，就像是那个已经记不太清的某个夜晚里，一位读者的留言：

　　不知道我做错了什么，我觉得自己难以融入周围的环境，孤独得像头荒原上的孤狼，陪伴我的只有寂寥如雪的月光。

　　我记得当时的自己沉默了很久，然后很认真地回了一句话：其实我也很孤独。紧接着，我又补上了第二句话：不过，这样的孤独其实还有另一个名字——独立。

·

曾在知乎上看到这样的提问：如何学会内心真正独立？而在下面那么多的回答里，我看到了这样一句话：永远不要把伤口摊在阳光之下，因为会停留的只有苍蝇。

大概是骨子里向往抱团取暖的基因在作祟，当我们面对挫折和绝望时，悲伤会促使我们更加迫切地去寻求安慰。但事与愿违的是，这世上绝大多数人都做不到感同身受，当四处碰壁后我们才会明白，唯一能拯救自己的也只有自己而已。

我细细听着那位读者讲述自己的故事，从学生时代开始他就养成了静如止水的性格，同龄人还在热衷追剧、聊八卦时，他就习惯于在书中汲取知识。

即便是从高中烦琐的学海中脱离，步入大学殿堂之后，他也在室友沉迷打游戏的日日夜夜里，开始了自己的学以致用，用一次次的创业贯穿了整个大学时代。

他从来没有怀疑过自己，直到某个夜晚，当他回到宿舍看到空无一人，在刷朋友圈发现其他人都出去聚餐的时候，本就创业不顺的他第一次产生了自我怀疑。

"我当时很想找个人来诉说，但当我真的开口跟他们讲我的经历和困惑后，他们用一种毫无兴趣的口吻劝我放弃，而那一刻也是我无比接近放弃边缘的时候。"

残酷的现实真相是：绝大多数人的随波逐流并非出于本心，而是来自周围人的推波助澜。通往成功的路上势必是孤独的，越往前走就越有高处不胜寒的孤独。而能支撑着我们最终甩开平庸者，成为众人艳羡的成功者的，也唯有自身独立的人格。

狼何必去向羊群寻求安慰？它们比任何人都清楚，自己永远不愿低头吃草。

..

我记得自己刚开始尝试写作的时候，一位前辈说过这样一句话：写作其实是个比绝大多数行业都要孤独的领域，你除了要在别人享受生活的日子里埋头苦写，还得在等待厚积薄发的漫长时间里，漫无目的地疲惫前行。更重要的是，纵然你熬过了无数个日日夜夜，你也有可能毫无起色，甚至会因此而遭受身边人的讥笑。但请你务必记住一句话：夏虫不可语冰。

对于写作者来说，最难熬的从来都不是精心创作却无人问津，而是当你在失望与希望中苦苦挣扎的时候，身边有人给你递上了一个完美的放弃理由。

我大学毕业后的第一份工作是在一家服装外贸公司，那时的我拿着不到3000元的工资，过着义务加班、不固定休息的"社畜"生活。

机械式重复的工作让我很快就产生了另谋生路的想法，在几经思考后，我选择了准入门槛很低的写作，并努力用不断输出的方式来锻炼写作能力。

很少有人会相信，当时的我为了能靠写作赚点稿费，接了千字10元的小说创作，每天熬夜更新6000字，只为了能在微薄工资之外，每个月多获得1800元的收入。

至今我都记得同宿舍的工友一边刷剧，一边对我说的那句足以诛心的话："一千字才10块钱，那你还不如戒掉早饭，把钱省下来比较快。"

语言的力量比我们想象中要厉害许多，当濒临崩溃边缘的时候，一句讥讽足可以毁掉一个人长久以来的梦想和坚持。

那之后的我消沉了很久，直到我读到了日本作家村上春树的一段话才重新燃起对写作的信心，并一路坚持走下来，直到今天实现了自己的出书梦想。

村上春树说：

你要做一个不动声色的大人了。不准情绪化，不准偷偷想念，不准回头看。去过过自己另外的生活。你要听话，不是所有的鱼都生活在同一片海里。

如今的我，除了本职工作以外，通过写作不仅认识了无数新朋友，也因为写作而收获了稳定的副业收入，成了身边人眼中的"斜杠青年"，在家乡的小城里过上了不再拮据的生活。

而我想用亲身经历说明的是，不是所有的鱼都生活在同一片海里，通往成功的路上势必渐行渐远渐孤独，不要在行将到达成功彼岸的时候，因为他人的不理解而选择放弃；也不要尝试去说服身边每一个人都可以理解你的做法，因为夏虫不可语冰；在你没有获得耀眼的成功之前，所有的辩解都显得苍白无力。

去坚持你内心坚持的，去相信你内心相信的。就像是作家尹惟楚说的那样：

如果你的征途是星辰大海，那就用背影勾勒彩虹，将雨水藏在心底；如果你的梦想是厨房与爱，那就携手拂晓黄昏，一蔬一饭尽是温存。

•••

虽然人生来就是群居动物，但我们可以在千丝万缕的社会关系之外，保留自己的独立人格。如果茫茫人海中，我们有幸能遇到那个对的人，那么不妨大胆且坚定地陪他一路走下去；如果事与愿违，我们也可以在纷扰尘世中继续一个人的修行。

每个人都不是一座孤岛，但你可以拥有专属的风光。

因为一个人，其实也刚刚好。

目 录
CONTENTS

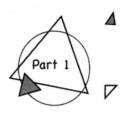

越是处于独身期，越要做好情绪管理

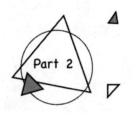

你的独身状态，也是你的婚姻状态

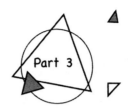

经营好独身生活，人生自然柳暗花明

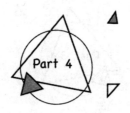

那些成功者，都活成了一个人的千军万马

Part 1

越是处于独身期，
越要做好情绪管理

微信可撤回的两分钟里，你用来后悔什么

知乎上有这样一个问题：微信可撤回的时间，为什么是两分钟？

有人在下面给出了答案：因为很多事情，我们在这一分钟做完后，在下一分钟就后悔了。

每个人在社会里都不是一座孤岛，都身处在一定的社会关系中，势必会遇见很多的人，做很多的事，然后面临很多的选择。

绝大多数的情况下，我们的选择会根据理智和经验而得到一个满意的结果，但不得不承认的是，无论我们怎么努力，总会做错选择，甚至大错特错。

这世上没有后悔药，但在通信手段如此发达的今天，微信给了每个人两分钟的可撤回时间。

那些因为一时冲动，抑或是深思熟虑后突然后悔的信息，可以在两分钟内撤回，只要对方在两分钟内没有看到，那么一切都可以当作从未发生过。

除了那些误发出去的信息外，两分钟可撤回的功能往往都用来补救男女之间的关系：用一分钟的冲动说出了分手，再用下一分钟的冷静，撤回信息。

·

朋友老杜是个木讷的人，他不善于表达内心的想法。

在一次因为琐事而发生的争吵中，老杜沉默着听完了暴怒的女友数落了自己两小时，在回到公司宿舍后，他发出了分手信息。

他用一分钟的时间，回想了女友平素任性的模样。

她会花很多钱去学一些在自己看来很没用的东西，比如花艺和刺绣；她还会拉着自己去看一些很无聊、很廉价催泪的青春电影……

可是下一分钟的时间里，老杜突然想到了女友平素可爱的模样。

女友将花艺课的第一份作品送给了老杜，那是以粉蔷薇作为主打的花束。后来老杜百度了才知道，粉蔷薇的花语是：执子之手，与子偕老。

女友将第一份针法笨拙到难以入眼的刺绣作品送给了老杜，那上面没有山水田园，没有鸳鸯戏水，只有歪歪扭扭的老杜的名字。

女友在看完青春电影后不只会飙泪，还会哽咽着一遍又一遍对老杜说："我们要好好相爱，好好在一起。"

这些画面串联在一起，老杜就忍不住红了眼眶。这么好的姑娘，怎么能忍心把她让给别人呢？

于是在第二分钟，老杜撤回了那条信息。

万幸的是，女友什么都没有看到，而是问他：

"你撤回了什么？"

"我写的检讨信，写得不够深刻，决定撤回重写。"

"哼，我还在生气呢！"

"我爱你，想跟你在一起一辈子。"

"枯木逢春，顽石开窍了？会说情话了？"

"嘿嘿，我爱你啊。"

人只有在即将失去的那一瞬间，才会明白对方到底有多重要。

世界很大，你只要稍稍一松手，那个曾经陪伴你，与你同喜同悲的人就会在下一秒消失在茫茫人海。

可你要明白的是，能后悔并重归于好的机会实在是太少太少了。即便是两分钟可撤回的设置中，仍然存在着一个 Bug。

如果对方刚好看到信息的话，即便是撤回成功也没有什么意义了。最尴尬的是我鼓足勇气把心里话都说了出来，然后又后悔撤回，可你却已经看到了。

在感情中，最让人难过的不是一时冲动说出来的伤人话，而是当一个人真正死心时，发出分手信息后又撤回。并不是他不想分手了，他只是想要换一种和缓的方式来结束这段感情。

但事实上，除非两个人都不爱了，否则但凡分手都不会很体面，总有一个人会受到伤害。

用和缓的方式来分手，往往更残忍。比如冷战，比如渐行渐远。

米兰·昆德拉在《生活在别处》一书中这样写道：

这是个流行离开的世界，但是我们都不擅长告别。

前任跟我分手的时候，给我发了一条很长很长的微信，然后又撤回了。网上流传过一份好男友的标准，其中一条是对象的微信要秒回。前任不知道的是，她发分手信息的时候，我正翘首等着她的微信。

那是我第一次没有秒回她的信息。

我耐心地等了两分钟，然后发过去一个搞怪的表情。

"咋了？"

"没啥，发错了。"

那天晚上的对话显得很无聊，因为两个人都心不在焉。

再后来就是她东渡异国，开始了新的学业。而我开始实习、工作，开始走一个毕业生该走的一切流程，告别学校，告别前任，告别那段爱情。

在电影《一代宗师》里有这样一段对话，章子怡饰演的宫若梅说："想想说人生无悔，都是赌气的话。人生若无悔，那该多无趣啊！"

而梁朝伟饰演的叶问则回答道："人生如棋，落子无悔。"

有悔和无悔，其实都是人生，那都是我们要经历，要学会拿起，学会放下的人生。

• • •

我很羡慕老杜有机会去后悔，并收拾好心情，继续呵护这份爱情。但我也从未困于跟前任的感情中而不愿出来。

爱情是两情相悦，不是天道酬勤或是一厢情愿就可以成功的。很多人都不甘心于自己曾经的付出，他们总会问：为什么自己对前任这么好，可偏偏对方就是不愿跟自己在一起呢？

可是亲爱的，当你用付出多少来衡量你的爱情时，那就不是爱情了。

罗振宇在《奇葩说》中这样诠释成长：

捡起那些打碎你的东西，然后放进你的身体，重新开始，这就是成长。

不要执着于那些你无法改变的事情，你要明白，这世间有很多很多的事情，是无法还转的。一切都是最好的安排。

美剧《灵书妙探》里有一句台词：

总有一天，你回过头来看，就会发现，你的每段经历，每个错误，每次失败，都帮你走向了你应该成为的那个人。

人生总有后悔，万物皆有裂痕。可是那又怎样呢？裂痕，那是光照进来的地方。

最后敬自己一杯：愿所想皆能如愿，辜负莫要介怀。

朋友圈的"某人定律"：你有多久没有深爱过一个人了

万年单身狗的朋友昨天晚上发了一条朋友圈：某人难得这么勤劳，作为奖励，跟她一起去逛街。

察觉到其中暧昧气息的我连忙去问他："脱单这么大的事情居然做得神不知鬼不觉，你小子不是追求身体与灵魂的独立吗？怎么现在也难以免俗了？"

原本我以为他会拿"真爱无敌"之类的矫情话来回绝我，却没想到他回了我一句："你不知道朋友圈里的'某人定律'吗？"

"某人定律"就是把你朋友圈里每一条动态的任何一个人物称谓都用"某人"来代替，只要这么一改，你会发现暧昧感爆棚。

比如：妈妈难得这么勤劳，作为奖励，跟她一起去逛街。

这句话按照"某人定律"修改之后，就会变成上述的"某人难得这么勤劳，作为奖励，跟她一起去逛街"。

只要这么一改，无论原始语境是怎样的，字里行间都会有一股恋爱的酸臭味扑面而来。

我回他说："你不是追求单身主义吗？为什么还要搞这么多假暧昧？"

朋友很认真地回我："之所以假装暧昧，就是为了不暧昧。"

·

不知道大家有没有发现，身边有一种人，他们的条件很不错，追求者也不少，但他们却始终没有脱单。这类人为了拒绝别人，通常使出了浑身解数，哪怕是用善意的谎言告诉别人自己已经有了喜欢的人，甚至是有了对象。

我这位朋友就是这样的人，他不仅家境优渥，而且长相出众，妥妥的是一个别人家的孩子。

从刚进大学开始，他的身边就从不缺少追求者，但他大学四年始终没有脱单，有很多人开玩笑说他一定是个 Gay（男同性恋），所以才会对女生没有兴趣。

但事实上，朋友心里一直有一个姑娘，从高中开始他就喜欢她，一直到大学也未改初衷。

就像是顾漫说的那样：

如果世界上曾经有那个人出现过，其他人都会变成将就，而我不愿意将就。

在他发出那条"某人"动态后没多久，有姑娘辗转多人来问我："他是不是已经脱单了？"

我只能打马虎眼说："我也不知道啊。"

姑娘沉默了好久，然后失望地回了我一句："看来他是真的脱单了，我再也没有机会了。"

我突然明白他所说的，"假装暧昧是为了不暧昧"是什么意思了。

但事情并没有到此为止，没过多久他给我发来了一张他和初恋女生的牵手照。照片里两人四目相对，十指紧握，像是久别重逢的爱侣。

我说："你不是说假装暧昧吗？怎么现在又脱单了？"

他说："因为我等到了命中注定。"

在几番询问之下才知道，朋友和初恋女生之间其实早已暗生情愫，只不过大家都怕捅破这层窗户纸后，连朋友都做不了了，所以只能在友谊的伪装下交往着。

爱到了深处，没有十足的把握，谁也不敢冒险越过友情的界限去追求爱情。因为友情还能后退一步，而爱情往后退就是万丈深渊。

就在这条朋友圈更新没多久，初恋女生再也忍不住了。

"听说你脱单了？"

"对呀，我正在和某人聊天呢。"

"哦，好吧……"

"嗯……我怎么觉得某人有点不高兴？"

"哪有，我当然要为你高兴啦……嗯……你说的某人是谁？"

"上一个某人是我妈，接下来的某人都是你。"

虽然我狠狠地吃了一口狗粮，但我突然发现假装暧昧是个很不错的方法。

有时候在爱情里我们会顾忌很多。有的怕伤到被拒绝的人，甚至会违心地带着一丝感激和对方在一起。

然而这样的感情，往往都不得善终，我们原本的善意最终也会给对方带来莫大的伤害。

••

那些宁愿假装暧昧也不愿意脱单的人，往往明白一个深刻的道理：相比一直单身，爱错一个人所付出的代价更大。

有时候我们选择开始一段感情，并不是因为我们真的爱对方，而是因为年纪到了，对方条件不错，身边的人开始催了。正是在这些外界因素的促进之下，我们才会匆匆忙忙地开始一段感情，匆忙到我们还没有想清楚未来，匆忙到我们还来不及考虑代价。

舟舟大学毕业后没多久，就被家里人安排相亲。随着相亲的对象走了一轮又一轮，舟舟原本憧憬爱情的心态也渐渐崩掉了。终于在那么多没有感觉的对象里，她挑了一个长相不错、家境也不错的人做对象。

认识六个月后，两人步入婚姻殿堂，紧接着一年后生了第一个孩子。

加西亚·马尔克斯在《霍乱时期的爱情》里写道：

比起婚姻中的巨大灾难，日常的琐碎烦恼才难以躲避。

即便是在爱情基础上的婚姻，都有大概率被鸡毛蒜皮的生活磨平，更何况是这种匆忙建立起来的法定契约呢？

舟舟开始嫌弃老公不解风情，永远都像孩子一样沉迷于游戏，无法自拔；她的老公也嫌弃她变成了一个啰哩啰嗦的黄脸婆，连孩子都带不好。

在生完孩子的第二年，两个人的婚姻就亮起了红灯。

爱情其实就像彩虹一样，你永远不知道它会在哪个时刻出现，你能做的只有在它出现之前耐心地等待。

要记住一句话：爱情不是制造出来的，爱情只能靠偶然相遇，才能出现在你的生命里。

···

现在的年轻群体中存在着大量的焦虑，为了脱单而做出很多违心的选择。

眼前这个人虽然不是自己喜欢的类型，三观也和自己不相符，但我可以跟他谈谈，到时候遇到好的再分手呗。

茫茫人海里哪有那么一个刚好跟自己的三观一致、灵魂相契合的人呢？找个差不多的就可以了，婚姻就是生活呗，两个人搭伙过日子而已。

……

我不是想劝你一定要找到一个完全符合自己标准的人再去恋爱，而是想说不要在一开始决定谈恋爱的时候，就带着骑驴找马的心态，因为这不公平，甚至有些无耻。

那个主动跟你表白的人是真的爱你，他把百分之百的爱都给了你，而你则以恋爱之名养了一个备胎。

我也不否认婚姻里有生活的影子，但婚姻不等同于生活，婚姻应该是生活加爱情的产物。妄想用爱情的方式来度过婚姻的，大多没有好下场；而把婚姻纯粹当作生活的，基本上都会沦为最熟悉的陌生人。

《寒风吹彻》里有一句话：

落在一个人一生中的雪，我们不能全部看见。每个人都在自己的生命中，孤独地过冬。

很多人都说，自己之所以选择仓促地开始一段恋情，是因为自己寂寞，害怕孤单。但事实上，孤单是人生中绝大多数时候的状态，即便脱单以后，孤单也是常态。越是孤单，越要明白自己到底想要什么。

孤独的真正定义并不是自己一个人在黑暗里默默忍受，而是一个人咬着牙在黑暗里坚定不移地走下去。

等你穿过丘壑，走过荆棘，收敛曾经的锋芒，沉淀年少的轻狂后，你会看到一个人站在你的面前，像是久别重逢般朝你张开手，他/她的眼里有光，光里映衬的是你的模样。

分手还保持联系：你的伪豁达正在狠狠恶心现任

刷微博的时候看到这样一条动态：相恋三年的男友居然还保留着前任的微信，而且前段时间还看到他给前任点赞了，他们是不是有猫腻？

很多人在下面评论说：事隔经年，也许他已经把前任当成是普通朋友，你完全没有必要这么在意。

但仍然有一部分声音坚定地认为：不管有没有猫腻，前任对于男人来说都是非常特殊的存在，如果有了现任的话，一定要隔绝和前任的一切关系。

说实话，前任对男主角有没有猫腻我不知道，但男主角一定对前任有猫腻。

都说一个合格的前任应该像死了一样，但现实生活中有这样一种情况：虽然男友和前任之间并不太多往来，但男友总是时不时地去给前任点点赞，就像是一个无聊的小猫，总是要到处抓一抓。

当现任发现男友还留着前任的微信时，男友但凡会说出以下几个"道理"：

第一，我对她已经没有感觉了；

第二，我只是把她当成普通朋友罢了；

第三，我现在真的很爱你。

那好，如果你真的爱我的话，能不能当着我的面把你前任的微信删掉？

当问到这个问题的时候，大多数的男人会表现出不耐烦：我跟她又没有深仇大恨，为什么要删掉她呢？删掉她反倒显得我心虚，你能大度一点、豁达一点吗？

面对这样的男人，我只想说：请不要用你的伪豁达恶心现任。

·

潇潇发现男友还留着前任的微信完全是一个意外。那天她无意中翻了男友的朋友圈，然后发现男友经常会给一个陌生的微信点赞。

她和男友的交际圈都是相互重叠的，所以男友绝大多数的朋友她都认得。

像男友这样万年不发朋友圈的人，经常性地给同一个人点赞，这不得不让潇潇对此产生怀疑。在几番询问之下，潇潇才发现这个微信的主人，正是男友的前任。

其实关于男友的前任，潇潇也是有所了解的。

男友追了她三年，最终在求而不得后沉寂了一段时间，后来他遇到了潇潇，两个人顺利坠入爱河。恋爱中的潇潇和男友可以算得上是一对模范情侣，经常在朋友圈里时不时地秀恩爱，彼此在有特殊意义的纪念日里相互祝福，甚至才谈了一年恋爱，就已经有了结婚的打算。

其实细想起来，男友并没有任何出格的举动，也就是经常给前任的动态点赞罢了。

可是真的就罢了吗？

有次吃饭的时候，潇潇装作不在意地问男友："你和前任还有联系吗？"而一直谈笑风生的男友顿时一愣，然后装作云淡风轻地说："早就没有联系了。"

"那为什么你还要经常给她的朋友圈点赞呢？"潇潇不敢相信，在面对前任话题的时候，男友居然眼睛都不眨一下地说了谎。

"只不过是礼节性罢了，我觉得她的朋友圈有趣，也就随手点个赞，没什么大不了的。"

男友像以往一样给潇潇剥起了她最爱的螃蟹，但这一次潇潇却食不知味。

··

我们该怎么分析潇潇男友的奇怪心理？可以保证的是，潇潇和男友之间一定有深厚的感情，但不得不承认，在这段深厚的感情之外，男友仍然在前任身上留下了一段晦涩、不为人所知的情愫。

很多人都说，爱情就是两个人彼此忠于彼此，对方是自己的唯一。但是在现实生活中，不难发现，人很有可能在同一个时间段里，留有对两个人的情愫。

现任是唾手可得的安心，前任是求而不得的悸动。

在开启一段新的感情之前，前任之间的联系若没有割裂清楚的话，就是给自己留下了暧昧的机会。所谓的暧昧，发展到极致的时候便是出轨。

很多男生经常用"正是因为对她没感觉了，所以才把她放在朋友圈里，没有删掉"之类的理由，来回应自己为什么不删除前任女友。

这样的理由听起来很坦荡，但事实上经不起推敲。其实不光是男生，女生也有这样的心理。

当他/她发现前任开始了一段新感情的时候，更多的不是祝福，而是内心不知从何而来的郁闷和气愤，甚至想要千方百计地问到对方的各种条件，然后下意识地跟自己做对比。

即便是已经跟前任分手许久，也会下意识地认为对方是属于自己的，神圣不可侵犯。

当分手后看到前任的朋友圈里，更多的是关于对方单身状态的动态时，我们内心会得到一种不知从何而来的安稳感；而当前任的朋友圈里出现秀恩爱的动态时，我们会控制不住自己的心情，感到遗憾，甚至是狂躁。

这样的感觉其实很正常，毕竟那个人曾经陪你度过了一段终生难忘的日子。而且我们绝大多数人，对年轻时的遗憾都刻骨铭心。

···

正因为如此，在开始新的感情前，请务必彻底和前任断绝关系。

不要说你是把他当成普通朋友，事实上能真正体面地分手的人太少太少了，绝大多数人就算表面风轻云淡，内心仍然沉积着难以化解的怨气，而怨气很有可能会催生出错误的感情。

爱情哪有什么豁达和大度，爱情的本质就是自私，就是占有。

我喜欢你，所以我下意识地希望你也喜欢我；如果你不喜欢我的话，我会满身怨气地离开你。

让我风轻云淡地祝福你，我做不到。我所能做到的，就是远远离开你，从你的全世界消失，再也不听任何关于你的消息。也许随着时光流逝，经历的人和事越来越多，对你的那段情愫最终会被时间掩盖在记忆的尘埃里。

绝大多数情况下，我并不是忘了你，而是我选择了放弃。

即便是分别很久之后，你在我心里仍然占有一席之地，但是我要对我的现任负责。此时此刻，现时现地，我只属于他/她。

我的朋友圈、我的内心、我的世界里不能再有你的任何一丝气息。因为在选择分手的那一刻，我就决定了要开始新的生活。未来的日子无论是苦是甜，都与你无关，纵有再多遗憾，也不必彼此偿还。

一场合格的分手应该用十六个字来总结：一别两宽，各生欢喜，前情种种，一笔勾销。

做好人生加减法，你的生活本就这么丰富多彩

不知道大家有没有这样的感觉：无论是工作日还是休息日，虽然忙忙碌碌一整天，但到了晚上静下心来想想，自己其实什么事情也没有做。

在节奏越来越快的当下，我们一方面抱怨事情太多，另一方面却又什么收获也没有。就在这不知不觉中，虚假繁忙正在一点点透支我们的生活，让我们一边疲于奔命，一边一无所获。

时隔多年，我仍然对电影《卧虎藏龙》中的一句台词记忆犹新：

当你握紧双手，里面什么也没有；当你打开双手，世界就在你手中。

生活中有太多波折，也有太多的意难平和心不甘，但越是如此，我们越要做好人生的加减法。掌握情绪的断舍离，你的

生活远没有你感受的那么悲惨，而它本就这么丰富多彩。

·

回归本我，让人生柳暗花明

过年打扫卫生的时候，母亲从闲置已久的柜橱中翻出了前年在"双十一光棍节"买的保健品。我依稀还记得这是她熬夜抢单的战利品，而为了获得几块钱的折扣，她甚至为家里增添了不少根本用不上的"垃圾"。

"双十一"是全民狂欢的日子，但真正能做到理性消费，只购买自己需要的商品的人少之又少。绝大多数为了凑满减的人，已经在不知不觉间陷入了非理性消费的泥沼中。

前年的那一场非理性消费，不仅让母亲花掉了远超预算的钱，而且还因为熬夜得了一场重感冒，前前后后折腾了一个月才算缓过来。

也正是从那时候开始，母亲开始懂得要正视人生，并开始有意识地屏蔽生活中那些无关紧要的东西。原本像是蚂蚁搬家般爱买东西的她，已经很久没有购入看起来很有用，实则一无是处的商品了。而当她真正需要某一物品的时候，她也会毫不犹豫地购入。

就是在这样的变化中，母亲实现了人生的加减法：加上做决定时的果敢，减去做无用功时的伤神。也是在这样的一加一减之间，原本一团乱麻的生活渐渐柳暗花明。

我们身处信息爆炸的时代里，有太多无关紧要的信息洪流正在疯狂涌入我们的生活，那些原本需要我们重点解决的事项渐渐模糊，而那些根本对生活无关痛痒的琐事却大量占据我们的时间。

那些疲于奔命却一无所获的人，其实都陷入了没有做好加减法而导致的无用怪圈中。我们在一无所获中越来越焦虑，然后在焦虑中自乱阵脚，更加无所得。所谓的加减法，就是减去人生中那些不必要的90%，留下100%的精力去全身心地应对余下必要的10%。

当我们能透过生活的纷繁，回归本我的时候，我们都将活成瓦尔登湖畔的梭罗。

··

优化情绪，让人生轻装上阵

我听过这样一句话：你的好情绪，就是一生最好的风水。相信在日常生活中，我们都对这句话深有体会。

之前部门领导遴选的时候，最终确定了两位候选人。如果单论业务能力的话，老何毋庸置疑是公司的佼佼者，但最终民意选定的晋升者是业务能力同样优秀，却稍逊老何的另一人。

意难平的老何找到部门领导，并质疑投票黑幕的时候，领导只反问了一句："你带的小团队离职率很高，管理层对你管理团队的能力充满了怀疑。"

老何确实是个难得的业务骨干，但因为平素一味追求业绩，在团队维护上完全不上心。一年来，其他小组的成员都很稳定，只有老何的团队离职率极高，一年下来除了老何之外，其他人都洗牌几轮了。

老何的坏脾气在整个公司都不是秘密。在玻璃隔间的大办公室里，大家经常能听到老何严声呵斥下属的声音，即便是一些不值得批评的小瑕疵，都会被老何上升到影响公司运营的高度上去。

久而久之，老何成了公司里人尽皆知的"孤家寡人"，没有老何的微信群永远是最热闹的，而只要有老何在的群无一例外都一片死寂。

在心理学中有这样一个词，即"情感亲和度"，意思是说那些情绪稳定、待人和善的人通常在日常生活中更容易获得成功，有更广泛的人际交往；而始终带着坏情绪，情感亲和度不高的人即便有着相当优秀的个人素质，也会在职业发展的道路上迅速步入死局。

生活有太多琐碎的牵绊，更有无数点燃情绪的瞬间，但在产生情绪的瞬间，请先认真思考一下：这样的事情是否值得争吵？我的时间能否用来争吵？

人生可以有千百个小插曲，但只要你时刻记住自己想要的是什么，时刻明白自己的目标是什么，有些不必要的弯路根本不用走，有些无所谓的情绪根本不必要产生。学会情绪断舍离，让你的人生轻装上阵。

···

生活实苦，但你可以做自己的蜜糖

大概是做情感作者的缘故，我听过很多人的苦乐悲欢。每个人的悲欢虽然不尽相同，但绝大多数人的痛苦本可以避免，绝大多数人的烦恼都是自我纷扰。

也许此刻的你正处于"春风得意马蹄疾"的快意时刻，又或者你正经历"屋漏偏逢连夜雨"的艰难时期，但你要知道的是，这些都只不过是人生的一个阶段而已，请你怀着平常心挺过去。

生活实苦，在这片土地上的每个人都在尽全力生活着，你也一样可以靠自己的力量活出精彩。

等到千帆过尽，你归来仍是少年。

爱自己，是终生浪漫的开始

我之前读传记《上海生死劫》时，对作者郑念那波澜跌宕的一生十分感慨。这位出身名门，早年留学英国的名媛虽然曾被诬陷入狱六年，而后又遭遇丧女之痛，但终此一生她都保持着淡泊从容的心境。

肮脏污秽的看守所里，过惯了锦衣玉食生活的郑念要来清水仔细打扫；冗长无聊的羁押期间，她读唐诗三百首来消磨时光。所有的折磨和苦难到了郑念这里，仿佛都自惭形秽。这位享年94岁的名媛就像是春日的暖阳，既温暖自己，也普照他人。

一个人的日常生活足可以看出他的为人，唯有真正爱自己的人，才能让无论多么乱如麻线的生活都变得井井有条。

王尔德说：

爱自己，是终生浪漫的开始。也唯有从爱自己开始，才能懂得如何爱别人。

·

我仍然对电视剧《我的前半生》中罗子君的形象记忆犹新。步入婚姻殿堂后，罗子君便在精英丈夫陈俊生的支持下，安心地回归家庭，做了一位尽职尽责的全职太太。

但当丈夫发生婚外情时，这个早已习惯被丈夫圈养的女人终于从美满婚姻的梦境中醒来了。面对自己早已脱节的职场和社会，罗子君一度陷入了迷惘和绝望，但她忘记了，自己也是名牌大学毕业，自己也曾拥有过人的能力和扎实的专业知识。生活的巨变，加上难以适应职场，经历双重打击的罗子君陷入了自我怀疑。

生活永远是自己的，当前夫陈俊生如愿以偿和第三者凌玲在一起后，意识到自己不能再颓废下去的罗子君开始痛定思痛，并在闺蜜唐晶的帮助下慢慢走出生活的阴霾，迎来了自己的职场春天。

陷入迷惘的罗子君像极了日常生活中的绝大多数人，我们想过更好的生活，却又因为种种原因而自我否定，正是在这样的矛盾心理之下，我们怯懦又沮丧。

一个没办法打理好生活的人，通常没有真正爱自己，因为这样的人往往不知道自己到底想过什么样的生活，只能在得过且过中，日复一日蹉跎人生。时光飞逝，当我们选择将人生都交付给那些无关紧要的人和事时，我们的生活也将随之变得庸碌无为。

真正的爱自己，是把握好生活中每一次可以让你变得更好的机会，那些曾经的伤痛都会随着时间褪去，你要做的，就是用日后的优秀来回敬曾经的苦难。

还记得《我的前半生》中，当王者归来的罗子君再站到陈俊生面前的时候，这个曾经视妻子为累赘的男人突然意识到了罗子君的优雅知性而心生悔意。

我们的一生会有各种各样不愉快的经历，而爱自己，并让自己更优秀，就是对那些讨厌你的人的最好回击。

··

之前收到过一位读者朋友的来信，她恋爱的次数不少，但每一次都以短暂接触后迅速失败而告终。起初听她的描述，我并没有发现问题所在，直到有一次无意中看了她的朋友圈。

这位读者的朋友圈动态更新通常都是在凌晨，更新的内容大多都是吐槽和立"Flag"（目标）。比如，她 2017 年就说自己一定要通过职业资格证考试，可 2020 年的新年目标里还写着这个"Flag"；前天说自己以后一定要早睡，然后昨天半夜 12 点，她还在朋友圈里更新了一条游戏动态。

没办法掌握自己生活的人，又谈何真正地爱自己呢？一个不爱自己的人，又如何期望得到别人的爱呢？

因为写作的原因，我的微信好友里有不少因为写作而结缘的陌生朋友，我也通过他们的动态看到了不一样的人生。

何鹏是一位登山爱好者，他虽然几次三番强调自己是个不解风情的直男，但每天雷打不动地在早上六点起床，每周一次的登山训练让他变成了朋友圈里有名的自律狂魔。当自律变成一种习惯的时候，何鹏的生活也开始发生天翻地覆的变化。

锻炼带来的气质变化让何鹏变得有棱有角，充满活力的个人气场也让他在不刻意间收获了不少芳心，果然没有等太久，这位自嘲不会有对象的男生找到了自己的真爱。

爱自己的人通常都会有这样的魔力，他们十分吸引人，会让周围人忍不住想靠近，并充满兴趣地想要从他们身上找到答案，因为这些人通常很自信，而且充满了向上的生命力。这样的人天生就会给人安全感，跟他在一起会感到踏实。

···

爱自己是一种修行，也是一种成长。我们曾困顿于生活的种种不如意，更对很多鸡毛蒜皮的小事耿耿于怀，但当你意识到生命不应该被浪费的时候，你会在心底油然而生一种想要改变的想法，这样的想法会支持你向着越来越好的方向发展。

优秀的灵魂总是惺惺相惜的，在你不断变好的过程中，你邂逅的不仅仅是越来越好的自己，还有更多融洽契合的灵魂，你的朋友圈、交际网也会在潜移默化中完成升级。

当你在山脚下时，你所能看到的，不过是近处的花草山林，你会因眼前的安逸流连，会因一时的沮丧而伤春悲秋；但当你历经成长的阵痛，努力登上人生高峰的时候，你会看到花开花落后的淡然随和，会了悟云卷云舒后的平静豁达，你终会收获最好的自己，也会收获最好的人生。

爱自己，是终生浪漫的开始，也是你人生变得越来越好的开始。

当你适应了孤独，你就学会了和自己相处

重温金庸小说《射雕英雄传》的时候，我对老顽童周伯通这个角色印象深刻。和争名逐利的武侠江湖相比，周伯通就像是一股清流，整天疯疯癫癫，到处找乐子。但偏偏是这样一个片刻安静不下来的角色，却被金庸设定了"困居桃花岛十五年"的背景。

若按照常情度之的话，天生好动的周伯通应该会在困居山洞后没多久，就因为过于无聊而一头撞死，毕竟像他这样的人根本受不了半点寂寞。但让所有人都意外的是，等到郭靖遇到周伯通的时候，这位老顽童非但没有化为枯骨，反而在孤独寂寞中自创了空明拳，更发明了"左右互搏术"。

多年以后再读《射雕英雄传》，我不再羡慕周伯通前半生的天真无邪，反而对蹉跎光阴十五年后的周伯通敬佩万分。

作为社会性动物的人类无法忍受孤独，绝大多数人都会在孤独寂寞中释放出内心压抑许久的情绪，但如果你适应了孤独，你就学会了如何和自己相处。

·

周伯通的前半生只是个贪玩长不大的人，而他的后半生才是"华枝春满，天心月圆"的完人。但在现实生活中，我们绝大多数人往往终其一生都只能和周伯通的前半生一样，沉浸在喧闹之中，自以为已经找到了内心的方向。

上大学的时候，我经常会跟高中时的一个好友联系。作为一个南方人，好友为了"见世面"硬是把志愿填到了北方，但他没料到，南北方的差异会让他在漫长的时间里陷入痛苦。

因为饮食、环境、文化等各种因素的差异，好友一入学就和宿舍其余三个北方人自动划分成两个阵营。比如：北方人早已习惯了大澡堂子的洗澡方式，而这对害羞的好友来说实在是太难接受了；北方人的饮食口味偏重一点，而好友则是清淡的南方口味。这些看似小小的差别却让好友一度陷入了自我怀疑的地步。

"如果不合群的话，在人生地不熟的地方，应该很难混下去吧。"因为我随口的一句话，好友开始想方设法地逼迫自己去接受那些不同，即便是那些重口味的食物让他吃到犯恶心，满脸长痘痘，他也认真给自己"洗脑"。因为害怕"孤独"，好友强迫自己必须要变得跟北方人一模一样。

这样的坚持直到他因为吃坏肚子被送进医院才被打破。一个在床边陪了他整宿的北方舍友说："你没必要非得跟我们一样，你可以按照你的方式生活呀！"

就像是久霾的天空突然被阳光刺破，好友突然意识到自己在试图摆脱孤独的过程中，也渐渐丧失了自我。

孤独本身并不可怕，可怕的是，我们在试图逃避孤独的过程中偏离了生活原本的方向。我们以为逃避的是孤独，却不知道我们逃避的，其实是自己。

••

中国现代作家、文学研究家钱锺书穷极一生编纂出旷世巨作《管锥编》后，因为阅读门槛极高，很多人看了之后一头雾水，更有人出言诋毁钱锺书是个只会掉书袋的老学究。

面对这样的指责，钱锺书没有做过任何回应，他依旧每天静静地坐在书房里，从浩渺书海中引经据典，为后世人留下了一部足可以彪炳千秋的鸿篇巨制。

余秋雨说：

你不懂我，我不怪你。

爱情中如是，生活中亦如是。每个人都渴望得到认同，但也清楚地知道，我们没办法让所有人认同，更没办法得到所有人的理解。在绝大多数情况下，我们连得到小部分人的认可都非常艰难。

长大后的我们常常会羡慕小时候的自己，无忧无虑，到处都有朋友，而长大后的自己不仅越来越形单影只，而且内心的诸般情绪也无处诉说。渐渐地，我们就会明白，孤独才是人生常态，纵然朝夕相处的夫妻都难做到心心相印，更何况是那些生命中匆匆而过的人呢？

所以，当你感到孤独的时候，千万不要认为是自己出了问题，因为生命中总有那么几个时刻，喧闹会停止。

不必惊慌于自己的孤独，因为这是身体停下来等待灵魂的过程，在此期间不妨想一想，在过去繁忙的生活中，是否有执念许久，却迟迟未做的事情？是否有想念许久，却迟迟未见的知己？如果有，那么不妨趁着机会给自己放一个假。

之前读《明朝那些事儿》的时候，只觉得那些王图霸业、帝王将相的故事非常有趣，但真正给我留下印象的，还是在本书系列的最后部分的内容，当年明月（作者石悦的笔名）没有以任何一个帝王或者将相作结，而是以一介布衣的徐霞客作为系列的最后结尾。

　　和古代学子必考功名不同的是，徐霞客选择了以双足丈量天下的人生之路，在所有人的怪异眼光中，这位年轻人把一生的时间都交给了祖国的大好山河。

　　那么多日日夜夜的风餐露宿都在徐霞客带着好友骨灰抵达鸡足山的时候，得到了圆满。那是一场安静孤独的夜宿，徐霞客带着仆仆风尘，倚在山寺之巅，望着满天璀璨星辰，听着山谷中缥缈的诵经声，他发出了足可以描绘他一生的感慨："此一宵胜人生千百宵。"

　　孤独的徐霞客在鸡足山那一夜，得到了他一生想要追求的答案，而数百年后，我们还在喧闹浮躁的现实生活里迷失自我。

　　但我们不知道的是，那些我们以为的孤独、不合群，才是我们真正想要的生活。人生不必孤独，但人生也无惧孤独，当你适应了孤独，你就学会了如何和自己相处。

　　此一宵胜人生千百宵，此一生胜人生千百生。

讲真的，这才是分手最好的状态

大四实习的时候，在公司里被安排跟着学姐负责某个项目。而在我眼中一向宠辱不惊的学姐，在一次与客户会谈的过程中，突然有些失态。

直到事后我才明白，当时正对学姐坐着的那个男生是她的前任，虽然他们之间的故事我不甚了解，但我知道是那位男生先提的分手。

对于男生来讲，那个项目是他毕业后接手的第一个项目；对于学姐来讲，这只不过是一个可有可无的项目罢了。当时公司里的所有知情人都怀着八卦的心态，想看看学姐怎么用职务之便回击。

可让人意外的是，学姐出乎意料地在领导面前推荐了这个项目。用学姐的话来讲，虽然这个项目并不是一个大项目，但是以她对前任的了解，这个项目会得到很强的执行力去贯彻，换言之，这个项目的成功率极大。

事后所有人心中都出现了一个念头，那就是学姐对前任余情未了。

直到有一次下班和学姐同车回去的时候，学姐解释了这件事情，她说："我对他早就没感觉了，但这不代表我要待他像个陌生人，甚至对他充满敌意。不是所有的分手都要赶尽杀绝，对待前任最好的方式，应该是彼此成全，互不打扰。"

这也是为什么，后来男生找学姐吃饭的时候，学姐并没有去，他们之间的交流也只剩下工作上的一些沟通而已。

·

很多人都说，不能跟你走到最后的都是错的人。换言之，如果一段感情到最后分手的话，那么彼此之间一定有错。

其实感情哪有什么对错，除却出轨、劈腿之外，绝大多数感情破裂的原因，都是因为彼此之间三观不合，那么是否要将三观不合定义为错呢？

爱情是没有对错的。

但是往往爱得更深的那个人会在分手的时候表现得无比痛苦，他首先会自我怀疑：到底自己是哪里做得不够好，才会让对方提出分手。

而当他左看右看发现不了错误的时候，又会将错误的矛头指向对方：一定是对方错了，所以才会跟我分手。但事实证明并非如此，因为我们不能用付出多少来衡量对错。

我跟前任分手的时候，是她回国后的第二个星期，当初确认关系的时候，她已经去了日本。

我们通过微信聊天的方式，维持了大概三个多月的跨国恋，而我对她的追求则是从大一下学期到大四下学期。追求了三年后，谈了三个多月的异国恋，然后在第一次逛街结束后，她跟我分手了。

刚分手的那段时间，我一直在想，到底是自己哪里做得不够好，以至于到了分手的地步。可是我想来想去也找不到原因，于是下意识地将她定义成一个物质的女生，一定是我没车没房，没有一份好的工作，所以她才会提分手。

后来母亲看着悲伤的我，掏出了全部身家，为我购置了一个两居室。当我购置完毕，坐在空荡荡的房子里时，突然想明白了一件事：有时候分手不一定需要理由，只不过是因为不合适。

这世界上有两种前任。

有一种前任会因为你的物质匮乏而选择跟你分手，当你功成名就之后，她知道了你的近况，会后悔不已；而第二种前任，无论你是贫是富，是贵是贱，她也再不回头了，她离开你的原因是她不爱你，与其他无关。

在那之后，每当有人再提起前任，或是在安慰我时诋毁前任，我都会下意识地去为她辩护。我知道她是一个好姑娘，身上有很多闪光点，所以即便是分手以后，我也不能让别人诋毁她。

其实感情这件事很难区分得泾渭分明，因为一旦当我们涉及爱的时候，往往会带着霸道，带着自私，带着利己主义。

因为你不喜欢我，所以我觉得你这个人很差劲，所以当别人说你坏话的时候，我会带着一种得不到的报复感，在其中添油加醋。不为别的，因为我乐见于看你陷入流言蜚语中的窘迫。

可是时间一久你就会发现，用诋毁的方式来恶心前任，实际上是在恶心自己。毕竟你得有多差劲，才会喜欢上一个这样的人呢？

电影《前任3》中说分手应该体面，那么什么才算是体面呢？

有人说，所谓的体面就是断得一干二净，全身心投入到下一段感情里。

　　也有人说，所谓的体面应该是将和前任的这段感情珍藏在心底，不必说出来，只要缅怀就好。

　　还有人说，所谓的体面就是相互怀念，互不讨扰。

　　但我要说的是，这些都不算足够体面，真正的体面应该是彼此成全，互不打搅。

•••

　　爱情的最高境界是彼此成全，而分手的最高境界也应该是如此。

　　我们在一起的原因，是为了让彼此变得更好，让彼此变得更幸福；而我们离开的原因，也是为了彼此成全，互不耽误，各生欢喜。

　　都说离开了紫霞仙子后，至尊宝才变成了真正的孙悟空；但是不要忘了，即便是用离开的方式，那也是紫霞仙子成全了至尊宝。

　　是前任教会了我们应当温柔待人，是前任教会了我们应当多点耐心。

　　网上有这样一句话：我把他身上所有的棱角都磨平后，他却走入了另外一个人的怀抱。可你不要忘了，在你磨平他的棱角的时候，他也在一点一点地改变你。这些改变，也许会成全你的下一段感情，毕竟人生中遇到的每一个人都是贵人，走过的每一条路都算经历。

所以，如果真的要离开的话，那么请务必要记住一句话：最体面的分手应当是彼此成全，互不叨扰。

别再秒回男朋友信息了

在网上见到有人这样定义对象在自己心中的地位：你就是那个即便是我在洗澡，接到你信息都会擦擦手秒回的人。

在现代青年男女的恋爱观里，秒回已经变成了情侣恩爱的象征，也成为男女印证自己是否遇见真爱的重要指标之一。因为真正爱一个人，无论在什么时候，只要对方发了一条信息都可以做到秒回，而那些没有办法做到秒回，或者是没有秒回的对象，通常都会受到以下质疑：

你不是说，我是你生命的全部吗？为什么连秒回都做不到？

陪伴是最长情的告白，秒回是最贴心的等待。很显然，你并不爱我。

……

可是在这个越来越多人将秒回视作爱情永固的象征的时候，我还是要劝你，别再秒回信息了。

·

同事欢欢这段时间经常和男朋友生气，她最近一次生气是因为男朋友没有及时回复欢欢在下午发给他的信息："亲爱的，今晚想要吃什么？"

欢欢的男朋友是某上市公司的业务员，每天的生活就是不断地打电话、拜访客户、出差。因为工作的缘故，男友在工作时间不会使用私人电话，所以每次回复信息的时候，基本上都已经隔了很久了。

那天回到家后，男朋友发现欢欢什么吃的都没有为他准备，劳累一天的男朋友开始发牢骚，而脸上有些挂不住的欢欢则针锋相对地回击。结果就是两个人大吵一架，然后不欢而散。

"当初他追我的时候，不要说是秒回信息，只要一个电话，无论什么时候他都能赶到我的身边。但是现在呢？总是以工作忙为借口不回我信息，我知道他是得到之后，开始嫌弃我了。"

欢欢的哭诉让我想到了一句话：再聪明的人一旦陷入爱情，都会变成傻瓜。准确来讲，应该是每一个陷入爱情的人都会变成敏感的傻瓜。

当爱一个人越来越深的时候，他／她会忍不住猜想对方在某一时刻在做什么，然后强大的好奇心和依赖感也会驱使自己不断去试图了解对方。和男生相比，女生天生缺乏安全感，所以她们对于深爱之人的想象力也比男生更强大。

在网上看过这样一组对比图。当女生没有秒回男朋友信息的时候，男生不会多想，甚至会因为没有女朋友打扰自己打游戏而沾沾自喜。但是当男生没有及时回女友信息的时候，女生通常会脑补一出当代陈世美的大戏，结果就是越想越生气，越生气就越打电话发信息，越不回就越生气，而这是女生思维里的死循环。

身边有不少姑娘虽然嘴上说不需要对方秒回，但心里却十分介意男友没有秒回这件事，因为在不少姑娘看来，不秒回是不爱自己的表现。落差感是一个恋爱中的女生最不愿意看到的，她们最怕的也是你在没把握追到手之前对她百依百顺，而成为你的女朋友后，你又对她敷衍。

关于这样的落差，我除了能想到你不爱我，再也想不到别的原因了。

男生在追求异性的时候，可以记住心爱之人的生日，可以放下一切陪她过每一个有纪念意义的日子，但是追到手后，那些特殊的纪念日早已忘得一干二净，有时候连生日也毫不关心。

　　很多女生都对这样的落差充满怀疑，并对眼前这个口口声声说爱自己，却正在一点点冷淡的人产生厌恶。但我想说的是，大部分男生的浪漫都只会在追求的时候显现出来，当一切水到渠成的时候，他的心思不会全部放在你身上。这并不代表他不爱你，而是人性使然。

　　所以我要劝你的是，千万别养成秒回的习惯。因为没有一段爱情，可以从始而终都保持着初恋时的炽烈。

　　当你开始不再依赖对方的秒回来印证自己的爱情时，才是爱情脱离幼稚，进入新阶段的标志。

　　不秒回的背后，是对彼此的绝对信任，也是在这段感情里让自己保持灵魂独立的重要手段。你在我身边时，我们恩爱如初；你不在我身边时，我也从未索然无味。

　　另一个同事橙子和男友之间的恋爱被我们笑称为"佛系恋爱"，两个人因为工作性质的不同，经常会出现橙子在上班，男友在补觉的情况。每当橙子下班回家时，男友已经开始梳洗准备去上班了。

这两个人就像是太阳和月亮一样难以一起出现，更不用说发信息能做到秒回了。在橙子身边有不少自称恋爱达人的同事，他们都很严肃地对橙子说："恋爱最重要的是陪伴，如果对方连这一点都做不到的话，那你们还怎么在一起？"

每当听到这种话时，橙子都一笑了之。而让所有人吃惊的是，一年以后，橙子在办公室发订婚喜糖，并告诉所有人她和男友会在年底结婚。和他们俩恋爱时的状态一样，连结婚都这么悄无声息。

身边有人劝橙子，婚礼一生只有一次，怎么说也要大办一场。但橙子却丝毫没有改变最初的想法，只打算简单邀请一些密友和亲朋，然后在所有人的面前把自己交给男友。

不是只有轰轰烈烈、充满仪式感的恋爱和婚姻，才会幸福；细水长流、平静如水的恋爱和婚姻，也能拥抱幸福。

· · ·

因为被很多自媒体情感文荼毒的缘故，现在越来越多的青午男女都开始无比重视恋爱和生活中的仪式感。

生活要小资，恋爱要浪漫，不优雅就是没文化，不秒回的伴侣都是耍流氓。但事实上真的是这样吗？只有小资生活才算是生活？只有浪漫恋爱才算是恋爱？当然不是！

爱情的完美结局只有一种，那就是两个相爱的人最终幸福地走到了一起。不管过程如何，有情人终成眷属。而那些非要让生活和恋爱都随时随地充满仪式感的人，往往都会忘了最初那个让两个人走到一起的灵魂悸动到底是什么感觉。

所以，答应我，别再秒回信息了，也别再要求男朋友一定要秒回信息了，好吗？

别去纠缠那些已经错过的爱情

刷朋友圈的时候，看到有姑娘吐槽自己的追求者：追自己追了四年，但四年间谈了四场恋爱，也不知道对方是把自己当成深情的证明呢？还是纯粹逗自己玩儿？

圈里有共同好友在下面留言：那你答应过做这个男生的女朋友了吗？

那姑娘非常潇洒地回答说："怎么可能？跟这种渣男交往不是一件很可怕的事吗？"

不知道为什么，我觉得这姑娘也好不到哪儿去。

在我们身边有这样一种人：即便是不喜欢对方，却仍然想把对方当成是自己的附属品。

换言之，我虽然不能做你的女朋友，但你必须要对我尽男朋友的义务。虽然我无法判断那个四年谈了四场恋爱的男生，其本质上到底是不是渣男，但我想说的是，这个姑娘用男朋友的标准去要求追求者的做法是不正确的。

·

上大学的时候，我特别喜欢外院的一个女生，那姑娘是高我一届的学姐。在大三的时候，学姐就几乎把大学时代学生可以拿的奖都拿完了。更重要的是，她是属于那种成绩好，长得又好看的姑娘，所以身边有一群追求者。

当然，在这么多追求者中，绝大多数人到最后都知难而退，就只有那么几个坚持了很多年。到学姐在本校读完研究生毕业的时候，有好事者问学姐遇到的这么多追求者中，是否有一个人曾让她动过心呢？

学姐想了很久，然后说出了那个人的名字，在场所有人都表示不可思议，因为那个男生在追学姐第三年无果后，就转身投入别人的怀抱，两人直到毕业感情都很稳定。

不过学姐在那之后说的话，直到今天都犹在耳畔。

"很多人都劝我，像他这样转投别人怀抱的男人，一定是一个渣男，完全没有必要为了失去他而难过。但我却不这么看，我觉得他是一个好男生，在追我的过程中对我很好，就像是男朋友一样。

"但是，他只是像，并不是我的男朋友。我没有义务要求他在追我的过程中，就一定要担负起男朋友的义务。在我没有接纳他成为我的男朋友之前，我没有办法限制他和别的女生恋爱交往。"

幼稚的爱情都是利己主义的，但随着年岁渐长，我们都应该明白，真正成熟的爱情是理性主义的。

我没办法接纳你做我的男朋友，也没办法给你我的全部。所以，你是选择立刻转身离开，还是行到一半时半途而废，这都是你的选择。

那些半途而废的人，难道就是假的爱情吗？

当然不是，爱情就像是植物生长一样，有的在萌芽期就泯灭，有的在盛开到一半时就枯萎，但它就是爱情，它来过，只不过走了而已。

··

电视剧《爱情公寓》里有这样一段搞笑的对话：

"每个人都希望自己的前女友，对自己欲仙欲死。"

"错，是要死要活。"

其实，这段对话同样可以套用在那些追求者与被追求者身上。

身边很多人都有这样的感受，他们一面享受着被追求的快乐，一面又不愿意答应对方。然而当那个人离开时，不少人会心生芥蒂，觉得对方并不是真正地爱自己，甚至是一个渣男。

其实真正的逻辑应该是这样的：在我没有答应做你的女朋友之前，你随时都有权利去追另一个女生，而我除了祝福之外，其实什么都不应该做。

没有人的深情应该被辜负，同样，没有人必须做你的备胎。不是所有的放弃，都是虚情假意；也不是所有的离开，都是渣男本质。

在节奏越来越快的现代社会里，时间成本在男女交往过程中也变得越来越重要。当你决定在一个看起来毫无回报率的人身上倾注大把的时间，去追求她的时候，实际上是在冒极大的风险。因为在追求她的漫长岁月里，也许你会错过很多人。

所以作为被追求的对象，请不要在对方看不到任何希望决定放手的时候，再调转枪头对他说一句："如果当初你再坚持一下，也许我就做你女朋友了。"

这句话毫无建设意义，相反会让人添堵，而说这话的人才有渣的本质。

••••

我曾在微博上听过一个女生的哭诉："他追我三年，我都已经习惯他的存在了，为什么他突然就去喜欢别的女生了呢？明明他说很爱我，怎么可以突然爱上别人呢？他对得起我吗？"

是啊，你习惯他的存在了，喜欢他以一个非男友的身份，做着男友该做的事情，你不需要付出，只需要享受。

但这对他而言不是爱情，这叫跪舔。

真正的爱情应该是什么样的？

我喜欢你，你也喜欢我，我们都愿意为彼此牺牲一些东西，摒除掉所有的杂念，两个人一路走下去。在这期间我们也许会遇到各种波澜，也许我们会因为其中的某一个微小差错而最终分开，但这并不妨碍我们曾经真正地爱过。

就像张嘉佳所说：

有的爱情自然发生，有的爱情无故消失。当发生的时候，请务必把握，当消失的时候，也不必惊讶。

毕竟爱情可以等待，但爱情经不起等待。那个一直在等你给他回应的人，在心彻底凉透的时候自然会走。

你没有必要去评论他，你只需要祝福他就好，毕竟他曾经那么真切地爱过你，而你却什么都没有给他。

最后，如果有一个人告诉我，在追我的这些年里，也谈过几场恋爱的话，我想说的是："我和你之间的故事已经到了结局，花开两朵，天各一方。我由衷地祝福你找到了那个对的人，但我也从来都不后悔，自己没有答应你。"

爱情里的 AA 制，真的值得吗

有读者给我发私信，吐槽她的男朋友是个不折不扣的抠男。

因为男友总是坚持男女之间 AA 制的做法，她对此虽然心里膈应，但所幸还能接受。不过前两天两个人去酒店，临出发前男友给她发信息说："上次避孕套的钱是我付的，这次你买避孕套吧。"

就是这一句话，让她顿时说不出话来了。最后那位读者朋友问我："像这样的男友，还有没有相处下去的必要呢？"

网上有一句话非常火：为你花钱的男人不一定很爱你，但不为你花钱的男人一定不爱你。

虽然现在男女交往 AA 制已经逐渐变成常态，但如果连避孕套这种东西都实行 AA 制的话，那这个男人一定不爱你。说得再决绝一点，他一定是个奇葩。

·

前两天看《奇葩说》的时候，听到导师薛兆丰这样解释男女关系。

他将男女双方的婚姻比作是办企业，双方是合伙人，一起拿出自己的资源来办企业，给出的资源包也不太一样，所以他们发挥作用的时间、节奏也不尽相同。传统意义上讲，女性会付出得早一点；而男性的作用则比较晚，属于大器晚成。

其实同样的观点也可以用在恋爱上。

因为和男生相比，女生在恋爱的战场上始终处于弱势和被动，她们在生理和心理上付出的东西，都比男生付出的要多得多，所以千万不要将男女交往过程中的一切付出都 AA 制。因为你要知道，有很多事情是无法 AA 的。

莎士比亚说：

女人是用耳朵恋爱的，而男人如果会产生爱情的话，却是用眼睛来恋爱的。

如果恋爱中的女生发现，眼前这个她所深爱的人没有给她提供爱，相反提供的都是冷冰冰的、绝对的利益分配的话，久而久之她自然会对眼前这个人感到陌生。

而爱情发展至此，离分手也就不远了。

但凡感情哪有不付出的呢？男女双方选择恋爱就是相互博弈的过程。任何一方都有可能在某一个情感阶段付出得多一点，而能够让这种不平衡的付出关系保持住并且不崩溃的话，势必是因为那个付出少的一方非常爱对方。

爱情的极致不是相互索取，而是相互成全，我成全你的地久天长，你成全我的两情相悦。

··

张小娴在《流浪的面包树》中说：

宁愿高傲得发霉，也不要委屈地恋爱。

之所以恋爱，是因为我爱他，他也爱我，我跟他在一起的时候会感觉到快乐，如果连在恋爱的过程中都委屈到想哭的话，那么这一定不是恋爱，而是历劫。

大学毕业两年后，我和宿舍兄弟阿凯在陌生的城市里偶然相逢，两个人叙旧后又谈起往事。

阿凯说现在觉得自己大学的时候真的很傻。总是妄图用卑微来换取爱情，但卑微到最后就是一味退缩，退到万丈深渊，然后万劫不复。

阿凯在大二的时候，爱上了外校的一个姑娘，那姑娘很高冷，高冷到连接受阿凯的爱时，都冷冰冰得让人觉得陌生。

那之后，对于阿凯而言就是长达一年半的煎熬。每天七点五十上课，阿凯会在六点钟起床，然后在学校早餐店买好早餐，骑车去女生所在的学校找她。

在她睡眼惺忪的时候，阿凯递上温热的早餐，然后他所能得到的，只是女生的一个微笑，收到微笑后阿凯就该回去上课了。

如果说是什么让阿凯坚持送了一年半早餐的话，我想一定是爱吧。只不过这样的爱是单方面的爱，无法得到对方的回应。久而久之，最后本该由双方呵护的爱情终究因为无法得到足够的养分而默然枯萎。

分手是阿凯提出来的，女生很诧异，她问阿凯："你确定吗？我再给你一次机会。"

正是这句话让阿凯原本摇动的内心彻底坚定下来了，他说："你看，连分手的时候你都这么冷冰冰的，跪得久了我也想站起来。"

恰当的爱情就像春风，可以让万物生长；错误的爱情就像凛冽的寒风，可以湮灭一个人所有的生机。当我们面对错误爱情的时候，最好的办法就是当断则断。

爱情不是打架，不是捏着对方的软肋不放，而是呵护。知道对方的软肋在哪里，然后挡在他的前面，成为他的铠甲。

•••

青年男女在感情中遇到的最大问题，就是太喜欢计较。

为什么我要付出这么多，对方就可以坐享其成？但你要知道，爱情本质上不是值不值得，只有愿不愿意。

希望你能遇到这样一个人：你拼命地付出，在爱情里渐渐成为那个付出多、收获少的人时，他会一言不发，然后开始用尽全力地爱你；爱到他爱你比你爱他更多时，你又开始努力地比他爱你更爱他。

就在这彼此的较劲之中，你们度过了爱情的青涩，拥抱了生活的本质，平稳地将爱情过渡到婚姻，然后携手一生。

毛姆的《月亮与六便士》里有这样一句话：

我觉得你很像一个终生跋涉的香客，在寻找一个很有可能不存在的神庙。

那么，什么是爱情呢？

那就是，我知道你终身跋涉寻找的那座神庙并不存在，但我会在你必经的路径上，用我的一生去搭建一座你幻想中的神庙。

Part 2

你的独身状态，
也是你的婚姻状态

我其实很高冷的，只是你不一样

不知道大家有没有听过这样一句话：世界上哪有什么高冷的人，只不过暖的人不是你。

每个人年轻时都会遇到一个人，让你情不自禁卸下伪装，让你不知不觉朝他靠近。就像歌词中写的那样：为了这次相聚，我连见面时的呼吸都曾反复练习。

在那段卑微又幸福的时光里，我们就像是失去灵魂的玩偶，所有的喜怒哀乐全系在一人身上，即便是那人也许从头到尾什么都不知道。

我大学时曾经暗恋过一个会弹钢琴的女神。每周五的下午四点钟，女神都会坐在琴房靠窗的白色钢琴旁练习曲目。阳光从贴着六棱花纹的窗户投射进去，落在她披肩的长发上，落在她白皙的皮肤上，更落在她不断跳动的手指上。

　　我其实是一个沉默寡言的人，从来都不愿意跟旁人多说一句废话。可是每周五我为了听女神弹钢琴，都会编出一堆鬼话去求思政老师容许我翘半节课。为了哪天女神一抬眼看到我，我每天都在反复练习自己的开场白，可是我一直练到了女神找到自己的男朋友，都没机会开口。

　　直到三四年后的今天，我仍然能一字不差地背出那段反复练习了几百遍的开场白，而室友们也不止一次地用这件事笑话我，说从未见我说过这么长的句子。

　　他们笑他们的，只有我自己知道，那段时间的我已经不是我了。

　　爱情大致分为两种。第一种，也是绝大多数的情况：爱情会让人不再是自己。也许我是南极亘古不化的冰原，只要你一个微笑，不用春暖我自融化。

　　后来我仍然常去听女神弹钢琴，但早已不抱女神眼瞎会看上我的野心了，只是纯粹去看看她。看看她近来练的那首《蓝色多瑙河》是不是更熟练了些，看看霜寒露重她是否感冒了，看看她有没有很幸福……

．．

后来因为巧合，我成了女神很好的朋友。

我本以为女神永远都是颔首微笑，虽然笑得倾国倾城，但总是让人有距离感。直到我看到了她跟男朋友的日常。

原来女神也可以被人叫作小傻瓜，原来女神也可以像个小女生般躺在别人的怀中，原来女神一点也不高冷。

有一次我终于忍不住稍稍表露了自己的心声，刚刚还在笑着跟我调侃男友不解风情的女神突然收起了笑容，饱含深意地看着我，缓缓说道："你不是他。"

我在那一刻才真正明白了那句话：世界上哪有什么高冷的人，只不过暖的人不是你。

《大话西游》中的紫霞仙子有一段十分经典的台词：

我的意中人是一位盖世英雄，有一天他会踩着七色云彩来娶我。

隔了这么多年，我再看这句话的时候，却有了不同的想法。

我想就算没有七色云彩，就算来的是个没文化、武功差的至尊宝，紫霞仙子也一定会义无反顾地嫁给他，不为别的，只因为他是自己深爱的至尊宝。

在没有遇到一生所爱的时候，我们每个人都喜欢在幻想中给那位还没出场的伴侣设下很多苛刻的条件。

男生得有房有车，身高起码得 175cm，年薪 20 万元……

女生得长得好看，乖巧听话，最好是高高瘦瘦的……

可是当那个人出现的时候，你就像是深陷迷雾许久，突然眼前豁然开朗。

只要是你，什么标准我都不管了。

…

爱情其实还有第二种，也是极少数的情况：爱情让人变回自己。

遇见你之前，我是南极亘古不化的冰雪；遇到你以后，我仍是那冰山那苍雪，只是冰雪上多了你深深浅浅的足迹。你踏雪而来，我分明还未春暖花开，却不知为何心里暖意盎然。

张宇在网综《火星情报局》中说过这样一段话：

男女在一起一段时间后，女孩子还能保持自己原来的任性、

霸道或者不讲理，那就表示她遇到了一个好男人。

我姥姥的娘家在 1949 年前，是当地赫赫有名的大地主，而姥姥作为最小的女儿也被人称为钱家三小姐。因为媒人说得天花乱坠，这位钱家三小姐下嫁给了落魄地主后代的姥爷。在那个年代，哪有嫁出去的女儿再回头的道理，可是老实巴交的姥爷为了不让如花似玉的老婆受苦，开始疯狂卖苦力，从一穷二白，到给姥姥盖上了三大间亮敞的瓦屋。

不仅如此，姥爷也尽可能地满足姥姥的要求，春时的红色头绳，夏时的黄色凉帽，秋时的粉色暖裤，冬时的绛色棉袄。有些东西姥姥还未来得及开口，姥爷就已经送到她的面前。直到很多年以后，当我再看这对九旬老夫妻时就可以明显地感觉到，岁月把本该刻在姥姥身上的皱纹都狠狠刻在了姥爷的身上。

姥姥还保持着年轻时小姐的脾气，时不时地去嫌弃姥爷弯如山脊的驼背，时不时地去指责姥爷越来越不灵活的手脚。可是骂着骂着，姥姥就会伸手去扶这位为她挡了半世风雨的爱人。

姥爷临终前，姥姥不去管乱成一团的小辈们，而是小脚蹒跚着走到姥爷身边，摸着他沧桑如枯枝的手，轻声嘱咐："你好好走，不要担心我，没事的，没事的……"

姥爷的喉咙中发出"嗬嗬"的声音，没有人知道他要说什么，一直很坚强的姥姥终于忍不住落下泪来。

"荷荷……荷荷……"

仿佛又回到了七十几年前的雪夜，姥爷怯生生地推开门，看到如花似玉的姥姥面带愠怒地坐在破旧的草屋里。

"钱玉荷，荷荷……荷荷……"

爱情总是会改变人，两个人相爱总要有人做出牺牲。

我爱你，所以我会变得很啰唆。

我爱你，所以从前的高冷、曾经的标准都可以不要。

我爱你，所以我愿意让你一世高冷。

再冷也没有关系，我会用余生为你暖场。

婚姻的三种困局：那些海誓山盟，都是怎么化为泡影的

经济学家薛兆丰在参加综艺节目《奇葩说》的时候，这样诠释婚姻：结婚就是办家族企业，签的是一张终生批发的期货合同。

几乎每一段婚姻的开始都是甜蜜的，但随着时移世易，曾经以甜蜜开局的婚姻却处处亮起红灯。这也就是为什么电视剧《我的前半生》中，罗子君的母亲会说："多少夫妻是在同床异梦？"

那么到底是什么原因，让那些海誓山盟化为泡影，让婚姻陷入困局的呢？

·

美国哈佛大学的心理课上，曾对婚姻的失败原因进行过分析，最终得出的结论是：婚姻需要激情，但生活势必平淡，婚姻和生活之间其实是一个悖论。

多少婚姻，败给了落差感。聪明的夫妻懂得规避落差感，但大部分夫妻都是在平淡的生活中，让婚姻败给了现实。

民国才女林徽因在嫁给梁思成前，曾在英国与诗人徐志摩有过一段情。但经过长时间的接触，林徽因最终还是选择离开了徐志摩。

多年以后，早已嫁为人妻的林徽因被问及当初拒绝徐志摩的原因时，林徽因这样解释道："徐志摩喜欢的，是他想象中的林徽因，而不是我。"

林徽因知道，天性烂漫的徐志摩爱的是那个和自己风花雪月的才女林徽因，可当爱情真正步入婚姻殿堂的时候，当甜蜜的小情侣需要接受生活考验的时候，徐志摩会发现，那个他眼中不食人间烟火的女神，也得为柴、米、油、盐、酱、醋、茶而烦忧。

落差感会让追求完美的徐志摩丧失新鲜感，这看似天作之合的爱情也未必就能幸福。

绝大多数人的人生都是平淡无味、毫无波澜的，适应好内心的落差感，婚姻才能长久。

前段时间我收到了一封读者来信，读者在信中说：不知道从什么时候开始，那个文静的女友再也不见了，取而代之的是一个整天纠缠于鸡毛蒜皮的老妈子。

读者是个很注重生活情趣的人，但每每当他想要为生活增添些滋味的时候，老婆总是会在一旁泼冷水。

"你弄这些有什么用？小宝的幼儿园学费还没着落呢？"

"今天隔壁吵架了，我觉得那女的真作……"

"你那远方表哥打电话来借钱了……"

面对这些乱七八糟的生活琐碎，隔着屏幕我都能感觉到读者内心有多崩溃。

作家张爱玲说：

"生活是一件华丽的袍子，里面爬满了虱子。"

有这么一个贤内助替他解决了大部分的生活琐碎，这位读者真是身在福中不知福。

婚姻的本质是生活，生活的本质是琐碎和庸碌。所以但凡生活在这个世界上，没有一个人可以免俗，必须要面对一地鸡毛、无能为力的生活。但凡有人觉得自己足够高雅，不会被俗世所累，往往只有两种可能，一种是他用钱解决了大部分麻烦事，另一种是有人在默默帮他打理生活。

不过太囿于生活琐碎，也不利于婚姻的发展，因为婚姻想要的心灵境界太高了，两个人只有在同一思想高度上，婚姻才能够长久稳定。

所以，要想婚姻发展平稳，夫妻双方都要给彼此做好加减法。排除一切无关痛痒、无伤大雅的麻烦，把精力用在至关重要的事项上，以增进彼此的感情。

比如，定期安排去餐厅吃饭，然后看一场电影；或者每年都来一场二人旅行，陶冶情操……总之，不要始终将婚姻置于凌乱的生活中，要给婚姻做加减法，让婚姻有喘息的机会。

···

曾听过这样一句话：人类不幸福的根源，是因为所求非所得。

从小我们都有一个永远战胜不了的对手：别人家的孩子。但等我们长大成人，结婚生子了，这样的比较还没有结束，"别人家的孩子"变成了"别人家的老婆/老公"，也变成了"别人家的婚姻/生活"。

之前在朋友圈中读到这样一段话：

结婚后，80%的吵架都是由钱引发的，用钱就能解决吗？剩下还有20%得投入更多的钱。所以，努力赚钱才能让婚姻通往自由。

这段话形象地说明了钱在婚姻中的重要性，因为婚姻的贫穷感往往不是来自于自己，而来自周围人的压迫。

婚姻，是一个人在人生中最大的投资之一。你的结婚对象决定了你下半生会过什么样的生活。

李安未成名时，全靠妻子支持他追寻梦想，他曾吃过很长一段时间的"软饭"；国美老总黄光裕，刚结识妻子杜鹃的时候，还只是个名不见经传的穷光蛋，而后才有他35岁问鼎首富的传奇故事……

婚姻其实就是一种选择，比的就是乾坤未定时的精准眼光，和落子无悔后的淡定从容。当你选择跟眼前这个人共度余生的时候，就意味着你已经拿到你人生的牌了，不管赢面大不大，你要做的，就是尽可能打得漂亮。

不要去管别人的生活，因为无论你抱怨与否，别人都不会为你的婚姻和人生负责，你只能靠自己和你的另一半。

婚姻和爱情一样，如人饮水冷暖自知，不必管别人眼中的自己是什么样的，只要当局者幸福，旁观者的感受无关痛痒。曾经的爱诚然可贵，但能够长久地爱下去，才是婚姻比恋爱更让人感动的地方。

结婚可以晚一点，但一定要和对的人在一起。

成熟的婚姻里，有些话不必说清楚

重温清宫剧《甄嬛传》的时候，我被其中一句台词惊艳。剧情正逢崔槿汐和苏培盛对食之事闹得人尽皆知，雍正来询问端妃意见，端妃只是淡淡说了句："不痴不聋，不做家翁。"

当初我对这句话百思不得其解。这句话的意思不就是说，对于家庭生活中暴露的问题，要学会睁只眼闭只眼吗？这难道不是在逃避吗？

艺术来源于人生。当我们正视现实生活中所经历的婚姻时，一开始我们会觉得"不痴不聋，不做家翁"这句话，似乎是一剂毒药。

当我们试图用充耳不闻来逃避婚姻中遇到的问题时，无异于厝火积薪，因为一旦矛盾彻底爆发出来的时候，将覆水难收。可等我们真正经历过婚姻，开始有了一定生活感悟的时候，我们会发现：成熟的婚姻里，有些话不必说清楚。

·

不是所有的分歧，都必须分出对错

曾看过一份有关离婚原因的大数据报告。让人跌破眼镜的是，因为出轨而离婚的夫妻比例只占到 10% 左右，而 45.9% 的夫妻是因为感情不和、经常争吵而离婚的。

曾听过这样一句话：婚姻里最怕遇到逃避的人，遇到问题就逃避，为什么不把话说清楚？

这句话被现在越来越多的年轻男女奉为圭臬，可当真正用理论结合实际的时候，我们就会发现，如果把婚姻里遇到的所有问题都说清楚的话，婚姻是很难存续下去的。

生活远远比理论复杂，而由此诞生出来的问题，也不是简单一句"把话说清楚"就能解决的。更重要的是，不是所有的分歧，都必须分出对错，有些无伤大雅的非三观的问题，求同存异反而更好。

婚姻中遇到的这类问题，最典型的莫过于婆媳关系。

对于男人来说，当面对婆媳关系时，他所承担的双重身份（儿子和丈夫）意味着，他没办法做到公允，更没办法明确指出谁对谁错；即便是有明确的过错方，男人能做的，也只是点到为止的批评，而不是非黑即白地一边倒。

因为婆媳关系最关键的点，不是分出谁对谁错，而是如何最大限度地减少婆媳摩擦，并尽量修复彼此的关系。

婚姻生活中，有些话没办法说清楚，也不可能说清楚，一味追究谁对谁错，带来的后果就是日趋紧张的家庭关系，和随之而来的婚变。

..

婚姻和爱情一样，都是易耗品

现实生活中遇到的诸多例子都在告诉我们，婚姻和爱情一样，其实都是易耗品。千万不要觉得，跨入婚姻殿堂后，就可以高枕无忧。

爱情是婚姻的基础，当爱情被现实无情磨灭的时候，婚姻自然也会随之亮起红灯。所以，千万不要让"无效的争吵"拖垮你的婚姻，因为非对即错的关系里没有包容，而婚姻的第一要义就是包容。

作家杨绛在她的回忆录《我们仨》中记录了这样一个故事：年轻时的杨绛跟钱锺书一起坐船出国，两人因为一个法语发音"Bon"而吵了起来。

杨绛说钱锺书发音带着乡音，太难听，钱锺书也说杨绛发音不地道，两个人因为这件小事争执不下，最后说了很多难听的话。

后来杨绛在船上遇到了一位会说英语的法国人，并向他请教正确的发音。法国人告知杨绛的发音是正确的，但杨绛没有胜利的感觉，而是觉得索然无味。因为一个无关痛痒的发音，她差点毁了多年的感情。

其实不光是杨绛，回顾我们普通人的婚姻生活，有太多的日常争吵都是因为鸡毛蒜皮的小事。但凡在婚姻中胜负欲太强的人，通常都没有办法经营好自己的婚姻。

婚姻需要讲道理吗？当然需要！但这并不代表，处处都必须得到一个是非对错的结论。有时候赢了道理，却输了感情，得不偿失。

···

别把对方当亲人，要把对方当爱人

娱乐圈中的模范丈夫黄磊，曾在接受采访时说过这样一句话：

"我非常反对夫妻变成亲人，亲人就是亲人，但老婆是我的情人、爱人。"

亲人是什么？无论你做错了什么，他们都会无限包容。但情人、爱人就不一样，当爱消失的时候，他们自然会离开你的身边。

血脉是一辈子相连的东西，但夫妻之间连接的唯一纽带只有爱情。当爱情消失的时候，劳燕分飞也成为必然。

不要将爱情当成亲情，是因为一旦夫妻双方中有一方这样做的时候，在他／她眼中一切都会变得理所应当。

当你拖着疲劳的身体，下班回家做饭的时候，他跷着二郎腿坐在凌乱的沙发上玩手机；当你应酬完，一身酒气回家的时候，她坐在一旁拉着你逛淘宝，要钱买衣服……

以前我很喜欢"老夫老妻"这个词，因为这个词透着日久弥坚的感情；但渐渐地我发现，跟着"老夫老妻"出现的语境，通常都让人心寒。

"都老夫老妻了，还要什么浪漫？"

"都老夫老妻了，没什么好讲究的……"

但真的应该这样吗？夫妻的结合，不是为了一张合法有效的"长期饭票"，而是找到一个因为彼此出现而变得更好的伴侣。

两个人因爱而在一起，并因爱结婚生子，组建新的家庭，在人生这条未知的道路上扬帆起航，共同经历生活的风雨。

两个人之间可以争吵，可以有分歧，但千万不要事事都论对错，在婚姻里坚持非黑即白的是非观。

最后借用那句俏皮的段子：你是要讲道理，还是要我？

结婚前，请先想好四个问题再做决定

作家梁实秋说：

婚姻和爱情是两码事，但凡用爱情的方式去过婚姻的，没有不失败的。

婚姻是人生大事，一段错误的婚姻无异于灭顶之灾。所以，面对婚姻时请千万不要草率，如果无法判断这段婚姻是否正确的话，不妨先问自己下面的四个问题，再决定是否结婚。

·

你了解对方家庭的三观和家风吗？

曾听过这样一句话：婚姻，其实是和对方的家庭结婚，绝非是两个人之间的事情。两个人的三观契合只是婚姻的入场券，能否顺利融入对方的家庭，成为对方家庭的一分子，则关乎婚姻能否长久。

曾一度引发全民讨论的电视剧《欢乐颂》中塑造了"樊胜美"这个角色，她家里有一群等着吸血的寄生虫般的家人。从上学时就喜欢樊胜美的王柏川，在樊家接二连三的破事面前终于崩溃了。

王柏川固然深爱着樊胜美，但婚姻光有爱情是不够的，一方是等着"吸血"的樊家父母，一方是百般阻挠的王家父母，《欢乐颂》都播完两季了，樊胜美还是未能跟王柏川修成正果。

并不是说失败的原生家庭教不出优秀的孩子，而是说当谈婚论嫁时，再优秀的对象，如果他的背后有着一个让人无法接受的原生家庭，那么原生家庭的三观会成为婚姻最大的阻碍。

如果你还不了解对方家庭的三观和家风，请不要急着和对方结婚。因为你们的结合就意味着你必须跟对方的家庭形成利益共同体，你得包容对方家庭所有的硬伤和不足 。

如果你还没做好准备，请你慎重。

‥

你见过他／她最低落时的样子吗？

之前热播的电视剧《知否知否应是绿肥红瘦》中有一句台

词特别有道理：

与人相处几十年，终究还是要看看对方处于最低谷时，你能不能忍得下去。看一个人是不是良配，不能看他平时待你如何，而要看他在极端情况下是如何对你的。

前几天有个视频在网上非常火。地震来临之时，站在门口的丈夫想都没想返回来拉着老婆就往外冲；与此形成鲜明对比的是，杭州一位名为方敏的富家女则用一场大病，证明了多年的恩爱夫妻全是假象。

身患渐冻人症的方敏拖着病体赶往公证处办理"意定监护"，将第一顺位监护人从"丈夫"改成了"父母"。方敏的前30年人生顺风顺水，家境殷实，有个相敬如宾的丈夫和一个可爱的孩子。

但自从确诊"渐冻人症"后，为了延续自己的生命，方敏提出变卖自己属于婚前财产的房子来治病，但丈夫的话却让方敏第一次看清了眼前这个说爱自己的男人的真正嘴脸。

他说："那总要先考虑女儿的咯。"

结婚五年的恩爱瞬间沦为最可笑的笑话，即便是自己的房产，丈夫也不愿意支持方敏卖房治病的决定。

这也就是为什么说看人得看最低处，你得找一个无关贫富，爱你如初的人，而非是一个愿意陪你幸福，却不愿意共度绝望的人。

●●●

你能包容他／她所有尚未暴露的缺点吗

俗话说"情人眼里出西施"，而由此造成的婚前婚后的落差感，也衍生出了不少婚姻问题。

婚姻是一件慎重且庄重的事情。不要轻易对一个人许诺，更不要轻易听信对方的许诺。你以为你已经将对方真的了解清楚了吗？有些问题不经过朝夕相处，根本不会暴露出来。

所以，当你下定决心选择跟对方结婚的时候，请扪心自问：我到底是认可此时此刻的对方，还是真正认可对方？如果他还有很多没暴露出来的缺点，我也能坦然接受吗？

恋爱时你侬我侬是恋人的常态，但剥离热恋的狂喜之后，当你冷静下来的时候，不妨想一想，你是否真的看准、认准对方了。

恋爱中时刻保持警惕，并做好婚后也许对方没有自己想象中那么完美的觉悟，当你做好内心建设的时候，婚姻的落差感也许就更好处理了。

····

如果他／她此时离开你，你能好好生活吗？

经常有人问：什么才是完美的爱情（婚姻）？关于这个问题有很多答案。

有人说，势均力敌就是完美的爱情（婚姻）；有人说，相互成全就是完美的爱情（婚姻）；有人说，彼此成就才是完美的爱情（婚姻）。

但对于一般人来说，上述的那些婚姻更像是强强联姻，绝大多数人的婚姻都很平淡，单是长久的保鲜，就已经难能可贵了。

平凡人世界里的完美婚姻，能做到洒脱就已经不易了。强大如演员马伊琍，在婚姻面前也会感到迷惘困顿。

2014 年文章的"周一见"事件，彻底摧毁了马伊琍用心经营了数年的婚姻。沉默之后，马伊琍用了"恋爱虽易，婚姻不易，且行且珍惜"来为婚姻强行续命。很多人都说马伊琍为了爱妥协了。

但时隔五年后的 7 月 28 日，文章和马伊琍的婚姻终究还是走到了离婚这一步。很多人百思不得其解，既然要离婚，为什么当初不离现在离？

在 2018 年 6 月的白玉兰奖颁奖典礼上，马伊琍就给了所有人答案：

女人不要为取悦别人而活，希望你们为取悦自己而活，总之每个人只有一次前半生的机会，勇敢地努力地去爱、去奋斗、去犯错，但是请记住，一定要成长。

平凡人的完美爱情（婚姻）是什么？是无论何时都要自我成长，是相爱时用尽全力，是离别时极尽洒脱。而能在爱情（婚姻）中保持自我独立、自我成长，就是爱情（婚姻）最完美的状态了。

•••••

爱自己，是终身浪漫的开始。如果你还搞不懂婚姻到底是什么的话，不妨先爱自己。因为爱自己，是永远不会被辜负的。

真正的爱情，就是让所有才子佳人，终归柴米夫妻

　　我想要在茅亭里看雨，假山边看蚂蚁，看蝴蝶恋爱，看蜘蛛结网，看水，看船，看云，看瀑布，看宋清如甜甜地睡觉。

——朱生豪

　　1942 年的动荡上海，30 岁的翻译家朱生豪在亲友的见证下，娶了 31 岁的宋清如。当时的词宗大家夏承焘为这对"大龄"夫妻提了八个字——才子佳人，柴米夫妻。前四个字是这对夫妻的身份，后四个字是他们的人生。

　　如今朱生豪和宋清如这两个名字，知道的人越来越少了，但在曾经的民国上海，这对璧人却活出了爱情最美的模样。

现在越来越多的年轻人开始对爱情产生怀疑，但如果你深入了解过朱生豪和宋清如的人生，关于爱情，你也许会有不一样的看法。

真正的爱情，就是恰如其分的相遇，无关贫富，无关距离，无关身份；真正的爱情，就是让所有的标准都化为乌有，让所有才子佳人，终归柴米夫妻。

·

校园里最孤高的人，只与她畅叙幽情

1932 年的之江大学里，已经大四的朱生豪第一次遇到了大一新生宋清如。彼时的朱生豪凭借手中妙笔，用才情冠绝了整个之江大学，更受到了当时之江诗社社长夏承焘的高度赞誉：

"阅朱生豪唐诗人短论七则，多前人未发之论，爽利无比。聪明才力，在余师友间，不当以学生视之。其人今年才二十岁，渊默若处子，轻易不发一言。闻英文甚深，之江办学数十年，恐无此不易之才也。"

"渊默若处子"这五个字，形象地勾勒出了朱生豪的性格。出生尚贾之家的朱生豪，年幼家境殷实，但在十岁那午母亲去世，在 12 岁那年父亲也撒手人寰，家中突遭变故让朱生豪变得沉默寡言，在漫长的时间里，从来没有人走进过他的内心。

在宋清如出现之前，朱生豪是之江校园里最孤高的笔，只写唐韵旧词，只译莎翁戏剧。

而宋清如的出现，让朱生豪突然变得话多了起来，这个自述一年有一百多天不说话的人，把所有甜蜜的话，都说给了喜欢的人听。

··

"我是宋清如至上主义者"

再硬的心肠，遇到心爱的女人也会土崩瓦解；而被爱滋养过的诗人，更会绽放出让人炫目的诗情画意。

不爱说话的朱生豪，仿佛用了前二十多年的人生去积攒情话，他一直在沉默中等待着，当宋清如出现的时候，那些在腹中缠绵了许久的情书便喷涌而出，洋洋洒洒。

1933 年朱生豪毕业，在老师的介绍下，他谋得了一份在世界书局担任英文编辑的工作。这对爱侣才刚刚恋爱，就不得不陷入异地恋的困局。在那个没有微信、没有视频的年代里，他们用平均两三天一封信的速度，来倾诉彼此的内心。

540 多封情书，让后世的所有人见证了朱生豪的文笔，也让人们记住了这个在心爱的人面前，容易让人百爪挠心的小男人。

如果你读过朱生豪的情书，你会被字里行间如泉涌般的爱意，羞得面红耳赤。沉默寡言的朱生豪，给了宋清如所有的情意。

"不要愁老之将至，你老了一定很可爱。而且，假如你老了十岁，我当然也同样老了十岁，世界也老了十岁，上帝也老了十岁，一切都是一样。"

"要是我们两人一同在雨声里做梦，那意境是如何不同？或者一同在雨声里失眠，那也是何等有味。"

"要是世上只有我们两个人多么好，我一定要把你欺负得哭不出来。"

"我愿意舍弃一切，以想念你终此一生。"

"我们都是世上多余的人，但至少我们对于彼此都是世界最重要的人。"

这些至今读来都让人抿嘴羞笑的情书，足有 540 多封，每一封情书的背后，都是一个焦灼等待爱人回应的傻男人。

有人说，爱一个人，就是想让全世界都认可他 / 她；而朱生豪告诉了所有人，爱一个人，就是对方会成为我的全世界，与闲杂人等无关。

···

"不准叫我朱先生，特此警告"

曾有人问："该如何判断自己是否觅得终生良配？"答："看你是否在他面前，永远是真实的自己。"

宋清如面前的朱生豪，并不沉默，相反很聒噪、很啰唆，甚至有些幼稚。

朱生豪笔下的宋清如有很多称谓，比如宋、清如、好人、宝贝、宋儿、好友、澄、小姐姐、小亲亲、傻丫头、我们的清如、天使、女皇陛下、爱人等等。每一种昵称中，都带着朱生豪特有的温存和柔情。

朱生豪笔下的自己，也有着千变万化的代称，比如你脚下的蚂蚁、丑小鸭、老鼠、牛魔王、伤心的保罗等等。每一种昵称里，都藏着朱生豪要将宋清如捧上云霄的野心。

心理学上说，男人从本质上讲其实就是个孩子，经常想去扮演孩子的角色。一个真正爱你的男人，除了会把所有的刚强都用来保护你，也会将所有的幼稚都给你一个人看。

宋清如面前的朱生豪，是个每天渴望和妻子谈情说爱的肉麻鬼，是个动不动就撒娇要拥抱的幼稚鬼，是个时刻想要妻子的陪伴，不惜用巧克力来诱惑的小孩子。

美好的爱情，会让人瞬间成熟，但又同时保有幼稚的权利，让你在他面前毫无顾忌地变成一个傻瓜。

••••
所有才子佳人，终成柴米夫妻

作家梁实秋说：

爱情不是婚姻，但凡用爱情的方式过婚姻的，没有不失败的。

但朱生豪和宋清如，却用自己的人生告诉梁实秋：真正的夫妻，就是让爱情变为婚姻的常态。

1942 年 5 月 1 日，朱生豪和宋清如终于结束了长达十年的恋爱长跑。虽然这期间二人经历了战乱纷扰、流离失所、译稿丢失等诸多灾厄，但这对璧人终于有惊无险地在乱世中修成正果。

那是一场简朴到极致的婚礼，专注翻译莎士比亚文稿的朱生豪向来清贫，而出生于大户的宋清如也早已做好了在困顿中相爱的准备。

"才子佳人，柴米夫妻。"夏承焘的八字赠语也成了朱生豪、宋清如夫妻婚后的日常。直到朱生豪逝世多年后，有人问起自己跟朱生豪的生活细节时，垂垂老矣的宋清如也只是淡淡地说了六个字："他译莎，我烧饭。"

人间烟火最温存，那个清贫时仍然守在身旁，不离不弃，相爱如初的人，才是这一生最对的人。

对于朱生豪而言，人生只有两件大事：翻译莎士比亚的戏剧，和爱宋清如。而深知朱生豪心愿的宋清如，也为了两人的小家，牺牲自我，成了一位家庭主妇。

朱生豪负责"闭户居家，摒绝外务"，一心投身在他心爱的莎翁经典中；而宋清如则负责"人间烟火，操持家务"，全力支持丈夫的翻译事业。

这世间最好的爱情，也许不是势均力敌，而是相互着想，彼此成全。

·····

有一种婚姻，叫一个人走出两个人的人生

1944 年 12 月 26 日，朱生豪带着百般不舍，和宋清如及刚满周岁的儿子告别，撒手人寰，年仅 32 岁。悲痛欲绝的宋清如望着尚未成年的儿子和朱生豪留下的未完书稿，终于决定打消共赴黄泉的念头，从一个家庭主妇转为朱生豪手稿的勘正者。

也正是因为宋清如的坚持，朱生豪那 31 部 180 万字的手稿才有机会出版；也正是因为宋清如的坚持，朱生豪才在文学史上留下如此浓墨重彩的一笔。此后数十年间，时光荏苒，时局动荡，宋清如独守着自己和朱生豪的那段回忆，随着时光慢慢变老。

1977 年，67 岁的宋清如辗转回到嘉兴的老家，那里的物事仍在：泛黄的照片、古旧的家具、斑驳的老墙，所有关于自己与朱生豪的记忆都浮现在眼前。那些所有跟朱生豪有关的东西，就像是寒冬里的暖炉，温暖了这位执着于孤独的女性。

以宋清如的才学和相貌，另寻良配并非难事，但就像宋清如之于朱生豪，是世间唯一一样，朱生豪之于宋清如，也是天下无双。其余人再好，也终非朱生豪。

1997 年 6 月 27 日，86 岁的宋清如突发心脏病去世，儿子朱尚刚遵从宋清如生前的遗嘱，将她的骨灰撒在南湖（鸳鸯湖）中，因为当年朱生豪做过一个梦：梦里宋清如已经同自己成婚多年，两人正在纳凉夜话。

朱生豪说："我希望我们变成一对幽魂，每夜在林边水边徘徊，因为夜里总是比白天静得多、可爱得多。"

多希望所有的一切都是一场梦，然后一觉醒来，觉得甚是爱你。

真正的门当户对是什么

知乎上有这样一个提问：哪些话你一开始不信，后来却深信不疑？下面有不少高赞回答中都提到了一句话：门当户对真的很重要。

其实随着年岁增长，当我们开始认真考虑自己的终身大事时，很多人都会放弃自己曾经的无数幻想，把择偶标准缩成四个字：门当户对。

·

门当户对的背后，是两个家庭的三观契合

可是当我们要讨论门当户对的时候，我们到底在考虑什么？是同等原生家庭的背景下，形成的三观一致？还是同等物质基

础下，造就的两个人生活观念相同？

曾听过这样一句话：结婚不是恋爱，恋爱是两个人的事情，婚姻是两个家庭的事情。所谓的门当户对，从某种程度上讲，就是为了满足两个家庭的三观契合。

美国斯坦福大学曾做过一项社会调查：两个中产阶级出身的年轻人谈恋爱，比之一个中产阶级出身和一个贫民阶级出身的年轻人谈恋爱，感情更稳定。

而造成两个中产阶级年轻人感情稳定的因素，并不是因为他们势均力敌的经济实力，而是他们相互包容的家庭。

••

婚姻需要经营，三观契合只是入门标准

民国著名诗人徐志摩作为当时文坛的青年才俊，其婚姻生活却总是受人诟病。作为江南巨富徐家的公子爷，徐志摩一生共有过两段婚姻。前者是同样上流社会出身的张家小姐张幼仪，后者是上海滩名媛陆小曼。

徐志摩的第一段婚姻纯属儿戏，无奈迫于家族压力而结婚的徐志摩，最终为了追求才女林徽因，强迫备受冷落且怀有身孕的妻子张幼仪打胎离婚。

物质上的门当户对，并没有让这对新人三观契合，家族包办式的婚姻也最终未能长久，1922年徐志摩与张幼仪签字离婚，宣告关系结束。

如果说徐志摩和张幼仪婚姻的失败是因为三观不一致的话，那么徐志摩第二场婚姻的无奈，也许说明了另一个婚姻的真相。

1926年，徐志摩与陆小曼相恋，在当时的人看来，他们二人绝对称得上是一对璧人。一个是才华横溢的年轻教授，一个是多才多艺的美女作家，这二人的结合无疑称得上是绝配。

精神上的三观契合是徐志摩第二场婚姻开始的契机，但婚姻哪有这么简单？即便是三观再契合的婚姻，当面对生活中的鸡毛蒜皮时，也显得苍白无力。

很多人都迷信"门当户对"这四个字，是因为门当户对就意味着三观契合，但他们往往忽略了，并非所有三观契合的夫妻，婚姻都圆满幸福。婚姻中要考虑的事情，实在是太多了，简单的三观契合是远远不够的。

婚后的徐志摩虽然身为教授，收入不菲，但在陆小曼花钱如流水的开支面前也相形见绌。为了补贴家用，徐志摩经常在上海与北京之间来回奔波，只为了多讲课赚钱。但即便如此，家庭的经济危机也难以解决。

直到徐志摩空难去世前，两个人的关系已经因为爆发家庭财政危机，而不再如曾经那般如胶似漆了。

婚姻说到底就是过日子，找到一个灵魂契合的伴侣固然重要，但能否将生活经营下去，则是考量这对夫妻能否走得长远的标准。

···

婚姻最大的稳定剂，不是三观契合，
而是一定程度上的势均力敌

相较徐志摩，另外一位民国大师的婚姻就足够让人玩味了。

1917 年的民国文坛，有一个让人津津乐道的轶事。新文化运动的领导者——大师胡适，接受了家族的包办婚姻，娶了一位只读过几年私塾的小脚太太——江冬秀。

在当时的民国，几乎所有人都不看好胡适和江冬秀的婚姻，因为一个将新文化运动视为一生追求的留洋教授，怎么可能接受一个大字不识几个，完全没接受过新式教育的旧式女子。

但让人百思不得其解的是，胡适跟江冬秀的婚姻一直很稳定。作为胡适唯一的夫人，毫无疑问，江冬秀跟胡适之间做不到三观契合，甚至可以说他们在某种程度上是三观互斥。可正是这样一个人，却能让大师胡适言听计从，再无二心。

之前网上有一句话非常火：完美的婚姻状态，就是势均力敌。所谓的势均力敌，其实并非绝对的"五五开"，而是在一定程度上的彼此平衡和相互依赖。

很多人狭义地认为，婚姻中的势均力敌，就是彼此原生家庭相当，彼此学识水平相当，彼此工作和收入水平相当。但这其实是大错特错了，哪有绝对的门当户对？哪有绝对的势均力敌？

就像是高晓松在参加综艺《奇葩说》时说的那样："没有绝对的门当户对。"随后高晓松举了自己母亲的例子。

高晓松初恋时，母亲写了一封信给对方父母，直言"你家教授等级没有我家高！"。这句话曾困扰了高晓松很长时间，也让高晓松明白：这世上没有绝对的势均力敌，只有某种程度上的旗鼓相当。

就像是胡适和江冬秀一样，胡适是新文化运动的领导者，学富五车，才高八斗，但江冬秀就是一个大字不识几个的旧社会女子，裹着小脚，整天家长里短。

可偏偏胡适离不开江冬秀，江冬秀治家严谨，是个能让一切生活琐碎都井井有条的人。当时无论在文坛还是政坛都备受推崇的胡适整天忙于各种人情往来，交际应酬，家中琐事从来没有让他困扰过。

这就是江冬秀的本事，也是其他女人给不了胡适的烟火气和家庭温暖。

订婚之后，胡适曾劝诫江冬秀多学字，多读书。江冬秀也欣然接受，从一开始的别字连篇，到后来被胡适当着众宾客的面夸赞写了一篇不错的白话文，江冬秀的努力可见一斑。

这世上哪有那么多完满的婚姻，爱情的终点也不是婚姻。婚姻其实是持续一生的修行，在这一生的时间里，夫妻要相互磨合、相互理解和扶持。中途但凡有一个人掉队，这段婚姻便会亮起红灯。

••••

爱情的终点不是婚姻，
婚姻也不是爱情的完成时

每个人的内心都存在一个理想型对象，但大多数人的结婚对象都不是自己的理想型。很多人苦笑着说这是妥协，但与其说是妥协，不如说是自己的择偶观念成熟了。

婚姻和人生一样，都是一个打怪升级的过程。你不可能遇到一个出场就满级的搭档，即便是遇到了，你也终将失去他。因为此时的你，才不过1级而已。

这样的满级搭档不会是你的良配，因为他不会给你一起成长的时间，他跟你的距离只会越走越远。

爱情的终点不是婚姻，婚姻也不是爱情的完成时。你要找的，永远是那个你其实不太满意，但还能接受的"菜鸡"搭档。然后在随后的人生路上，他慢慢变成你的理想型对象，你慢慢越来越爱他，最后活成所有人眼中的满分夫妻。

女强男弱的婚姻，该如何得到完满结局

都说社交网络是当代社会男女审美的风向标，这句话用在女性身上尤为突出。当"小奶狗"这个词频繁出现在我们眼前的时候，也就意味着比起之前的"大叔控"，开始有越来越多的女性喜欢上比自己小、比自己弱的年下男友了。

很长时间以来，男强女弱才符合社会的审美标准，但随着当代女性在社会及职场中发挥越来越重要的地位，越来越多优秀的女性正渐渐主导自己的一片区域，而女强男弱的现象也越来越普遍。

不过，社会对于女强男弱的婚姻，仍然十分苛刻。很多不少在最初以幸福为起点的女强男弱婚姻，最终都惨淡收场，这也造成了不少青年男女开始抵触女强男弱的婚姻。

那么，如果你想要开启一段女强男弱的婚姻，该如何得到完满结局呢？

·

婚姻是两个家庭的事情，与他人无关

南美作家加西亚·马尔克斯在《霍乱时期的爱情》里这样写道：

打败婚姻的很少是因为天灾人祸，更多的是生活中的鸡毛蒜皮。

不知道大家有没有发现这样一个现象：小时候我们跟别人家的孩子比，结婚后我们又要跟别人家的婚姻比，也正是在这样的对比中，不幸福感在心底疯狂滋生。

相信结过婚的男女一定都熟悉这些话：

你看看别人的老公赚多少钱，再看看你！

人家老公给老婆买包包，给钱出国旅游……你说我跟你在一起，你给过我什么吗？

……

不要让自己的婚姻活在别人的口中。心理学上有这样一个概念：期待赋值。意思是：当你将别人的期待完全作为自己追求的方向时，你将彻底失去对原本自我的热爱，只会在日复一日地追求他人认可的道路上越走越远。

试想一下，如果你的婚姻幸福与否只能被别人左右的时候，这难道不是一件非常可怕的事情吗？你将不再看到对方在日常生活中的默默奉献，你只会将伴侣的付出当成理所应当。

"别人的老公赚那么多钱，你还得靠我养着，做饭不是应该的吗？"

当婚姻滑落到如此的心理绝地时，距离婚姻亮起红灯已经不远了。

..

婚姻各司其职，不要有角色优越感

自古以来，婚姻生活中男女角色的分配，都是男主外女主内，而在女强男弱的婚姻中却截然相反。如何分配好婚姻中的角色扮演，是每一个女强男弱婚姻的大考验。

作家梁实秋说：

婚姻的本质是生活，生活的本质是妥协。

两个人刚开始在一起的时候，像是两只刺猬，永远寄希望于对方收起自己的刺，让对方来适应自己。但随着时间推移，聪明的情侣都会主动收起自己的刺，并用柔软的腹部来拥抱彼此。

为了经营好婚姻和家庭的小船，夫妻双方总有一个人要做出牺牲，牺牲自己的事业去成全另一个人的成功，而自己退居二线主持家务。

这是夫妻双方自然形成的角色分配，并非一方依附于另一方活着。所以，女强男弱婚姻中需要面对的第二个问题，就是避免角色优越感。

面对生活的心酸，光有冲锋陷阵的矛是不够的，你还需要盾，一个替你挡下所有生活鸡毛蒜皮的人。

•••

不要试图改变对方，完美的婚姻允许存在不完美

有人说：婚姻的难处在于我们是和对方的优点谈恋爱，却和他／她的缺点生活在一起。

在步入婚姻之前，彼此之间看到最多的是对方身上的闪光点，但真正步入婚姻后，从爱情到婚姻的落差感会让不少人心生倦意。曾经的风花雪月逐渐被生活的鸡毛蒜皮所取代，无话不说的伴侣渐渐因为对方无法满足自己的期待值而渐生嫌隙。

婚姻中的绝大多数争吵便来源于此，我们都希望对方可以是自己的私家定制，一旦对方身上有自己不满意的地方，大部分人的第一反应都是将之如眼中钉、肉中刺般除去而后快。但你很难要求对方去改变多年形成的生活习惯，与其不屈不挠地改变他，不如坦然接受他。

　　完美的婚姻允许存在不完美。生活总会有磕磕绊绊，纵然是再恩爱的夫妻也会有不默契的时候，但这并不代表这场婚姻就经营不下去了。往后的路还很长，婚姻就如同酿酒般越陈越香。

　　婚姻是一辈子的修行，如果你真的遇到一个对的人，即便是"女强男弱"，也不要心生退意，因为世界太大，对的人转身就会消失在人海。

无论你的婚姻有多幸福，你都要明白三个道理

曾听过这样一句话：婚姻是女人的第二次生命。美满的婚姻是女人最好的护肤品，一个女人婚后过得幸不幸福，看她的精气神就知道了。也正是因为这样的观念，所以很多姑娘在选择结婚对象的时候，设置了相当严苛的标准。

不过，能否拥有幸福的婚姻，并不取决于对方能否满足你设定的硬性标准，而是取决于在往后数十年的交往中，你能否很好地经营婚姻。在随机调查中发现，很多女人都将自己的婚姻幸福与否，与对象捆绑在一起，似乎自己能否幸福取决于对方对自己怎么样。

但这样的观点是错误的。一个人能否幸福，并不取决于对

方，而是取决于自己。无论你的婚姻有多幸福，你都要明白三个道理。

·

不要将人生彻底托付给对方

结婚时，我们都渴望山盟海誓，矢志不渝，无论未来如何，我们都要彼此相依。但现实往往比誓言复杂得多，很多曾经发誓要缘定三生的人，甚至撑不过三年。

爱情很难公平，因为在两性关系中注定一方会比另一方爱得更多。谁都希望对方爱自己更多，让自己处于主动地位，但现实往往太残酷。那个跟你同床共枕的人，在不知不觉中已经跟你同床异梦。

所以，无论你此时此刻的爱情有多甜蜜，无论你此时此刻的婚姻有多美满，无论如何，不要将自己的人生完全托付给对方。

这个世界上除了你自己，没有人值得你托付终身，你的人生幸福只能靠自己去争取。

之前做情感讲座的时候，我听到这样一个故事。

一位女听众张罗着为丈夫换辆新车的时候，才发现家里所有的积蓄都被丈夫用来包养小三了，而奸情被识破后，丈夫反而冷笑着说："我想要的是个娇妻，不是个保姆，你现在还有什么女人味？"

三年前的海誓山盟言犹在耳，但转眼间自己已经是个不打扮、不社交的家庭主妇了。曾几何时，她也是个职场女强人，为了让丈夫全身心投入工作，她不惜告别自己奋斗多年的工作岗位，专心做一个全职太太，但换来的结果是什么呢？是背叛和挖苦。

人生短短数十年，我们需要经历的东西远比我们想象中更多，真诚待人，但也要留给自己掌握人生的权力。

..

不要丧失赚钱的能力

不得不承认的是，职场对于女性更苛刻。因为隐形的性别歧视，很多女性在职场上需要付出更多努力，才有可能拥有一席之地。

还记得周星驰电影里的那段经典台词吗？

"不上班行不行？"

"不上班你养我啊？"

"我养你啊。"

"我养你"这三个字对于女生来说，无疑是最浪漫的话了。但这样的话放在现实生活中，却可笑至极。现代生活的压力之大，不言而喻。光靠男人来负担家庭的全部开销，相信平凡人是做不到的。当家庭的经济收入完全压在男人身上的时候，女人会在无形之中沦为附庸。

压力大的后果就是，男人觉得自己很优秀，老婆整天在家里"无所事事"，但凡有一点不顺从男人的意思，就会遭到严厉指摘，甚至演变成言语暴力。这种情况下，女人只能忍着，为了给丈夫创造更好的家庭环境，稳定大后方，她们不得不一遍遍迎合丈夫的想法，一遍遍被迫改变自己。

沦为对方的附庸，这是一个危险的信号。一个聪明的女人从来都不会失去赚钱的能力，即便是家庭负担再重，她们也不会轻易放弃自己的工作，因为赚钱的能力是她们的底气，更是她们立足于这个家庭的自信。

更重要的是，和家庭主妇相比，职场女性不与社会脱节，她们能够很好地融入社会的节奏，接触到更新鲜的知识，以便于随时学习和交流。

不与丈夫渐行渐远，随时保持学习的劲头和能力，也是女人在婚姻中的常胜秘诀。

···

保持一个人也可以幸福的能力

好的婚姻是成就彼此，完美的婚姻是活成自己。女生是感性的动物，一旦陷入爱情中便无法自拔。所以在婚姻中，对她们来说最重要的，不是彼此成就，而是保持一个人也可以幸福的能力。

有些夫妻组合在一起是成就彼此，但一旦分开，女生连独立生活下去的勇气都没有了。

前段时间我听到这样一个故事：朋友圈中一对令人艳羡的夫妻闹掰了，丈夫婚变携小三"逼宫"，同样是名校毕业的妻子在离婚后一蹶不振，甚至得了抑郁症。

她逢人就说小三不知羞耻，说丈夫只是鬼迷心窍，还谈起他们相识相恋，最后步入婚姻殿堂的过程。反观丈夫那一方，自从离婚之后，便恢复了秀恩爱的日常，只不过女主角已经换人了。

婚姻甜蜜的时候固然很好，但一旦遭遇婚变，我们又该怎么办呢？一个能独立幸福的人，在婚姻中一定过得不会差，这样的人通常都有着淡定的磁场，而独立的灵魂更容易吸引对方靠近。

徐志摩在与张幼仪婚姻存续期间，对张幼仪各种不待见，而离婚以后，张幼仪一个人活成了商界女强人，风生水起之时，曾对她嗤之以鼻的徐志摩也禁不住夸奖张幼仪是个了不起的女子。

婚姻的幸福度就是如此，对方能给你的只有一小部分，而大部分的幸福则来源于你自己。

你的深情，永远只能属于眼前人

重温电影《大话西游》的时候，我被里面的一句台词给打动了。

铁扇公主说："以前陪我看月亮的时候，叫人家小甜甜。现在新人胜旧人，叫人家牛夫人。"

对于每一对情侣来说，前任都是绕不开的话题。因为此时此刻他跟你说的每一句情话，都可能是他曾对前任说过的一字未改的旧话。一想到他的甜言蜜语跟另一个人说过了，再缠绵悱恻的情话都没感觉了，甚至有点犯恶心。

曾有读者向我求助：旧手机里备份了和前任的聊天记录，被现任发现了。我该怎么办？

其实这个问题可以有多种演变。

比如：现任发现我还在和前任联系。

再比如：我给前任点赞，被现任发现了怎么办？

这些关于前任的问题，不管演变成什么样子，在你现任眼里只会变成一个问题：他对前任余情未了，我该怎么办？

当把问题上升到这个高度的时候，歌曲《凉凉》的前奏已经响起来了。

·

前段时间有句话在网上很火：在这个薄情的世界，愿我们都深情地活着。

大部分经历失恋的男男女女都会感慨一句话：世间难得有情人。但这话并不对，世间有情人不难得，难得的是对你情深似海的有情人。

世界上从来就没有高冷的人，只不过人家暖的不是你。你眼里的他，是白雪覆野，不苟言笑；但你却不知道，在你黯然离开的时候，他正和别人花前月下，浓情蜜意。

我的兄弟老吕在大一刚入学那会儿，对迎新会上打架子鼓的女神学姐一见钟情。老吕说，学姐戴着鸭舌帽，抿唇咬着脖子上悬挂的十字架坠饰，修长的双臂奋力敲打架子鼓的模样实在是帅爆了。

熏黄色的灯光下，老吕觉得学姐身上飞溅出来的汗都是香的。

此后两年，老吕就像是保镖一样随时接受学姐的召唤，即便是其中一年半学姐都有男友陪伴。再后来，学姐和男友分手，一场宿醉后发现身边只有老吕，感动之余备胎终于转正，老吕在大三那年成功追到了女神学姐。

但快乐并没有持续太久，有天老吕在宿舍里突然问了我们一个问题："如果你的女朋友保留着和前任的聊天记录，而且还时不时地在朋友圈里互动一下，意味着什么？"

所有人都知道意味着什么，但没有人说出来，因为大家都知道老吕自己心里明白。

后来这段感情自然没能走到最后，老吕在分手后发了一条朋友圈：

我总以为时间会让我们越来越爱，可当我看到你们的那些曾经，怀疑的种子就在我的心里生根发芽，让我所有的爱都被愤怒和不甘所取代。我无法忍受你的深情不属于我，即便我知道你们已经是过去式了。

爱情里不可能没有甜言蜜语，一定是爱过，才会在一起。但当你重新开始一段新恋情的时候，能不能让你前任的气息彻底消失？

••

但事实上，发现对方和前任的聊天记录并不是一件坏事。毕竟此刻在你面前满嘴说爱的，到底是人是鬼，看聊天记录就知道了。

前任是一面照妖镜，能让你更好地看清对方。

我曾经误打误撞进过一个情感问答群，里面的情感问答达人说：在开启新感情前，最好的办法就是从前任的口中了解对方，你最好能加到对象前任的微信，跟他／她聊一聊。

当然了，大部分的分手都不体面，两个人分手后基本上就形同陌路，甚至反目成仇。

为了排除无端泼脏水的可能性，可以从头到尾看一遍对象之前和前任的聊天记录，基本上就可以看清眼前这个人的秉性了。

你要从中获取的是：

对象和前任之间的日常相处是什么样的？

对方和前任分手的原因是什么？

其他的，一概不需要放在心上。

哪怕他们互称老公老婆，哪怕他们满嘴都是甜掉牙的情话，都无所谓。

从日常相处中可以判断出，此刻对方和你的恋爱有没有认真，或者说他有没有像前一段感情一样，付出同等的精力。

从处理矛盾时的态度和做法可以判断出，对方在遇到问题时够不够成熟，以后你们有矛盾时，能不能得到妥善地解决。

从对方和前任分手的原因可以判断出，他 / 她是不是一个渣男（渣女）。想知道对象渣不渣，分个手就知道了。恋爱的时候你侬我侬，分手的时候乱泼脏水，这就是渣。

如果能在分手之际，都给对方留下体面，那么他 / 她一定是个很体面的人。

如果事与愿违，那么曾经的疯狂我一定深埋心里，绝口不提。

• • •

有人说，电影《前任 3》《后来的我们》等，与前任有关的电影大火的原因，是因为我们每个人心里都有个难忘的前任，挥之不去。很多人在看完电影后，哭得眼泪汪汪，觉得自己还是放不下前任，要回去找他。

可这哪里是电影的初衷啊！

《前任 3》里说：

你以为我不会走、我以为你会留，最后我们说散就散。

《后来的我们》里说：

缘分这事，只要不负对方就好，不负此生太难了。

这两部电影都在用血一般的教训告诉我们：不要作，要珍惜眼前人。所有离开你的，都不是对的人；此刻陪伴在你身边的，才是值得深爱的人。

但看了几部电影就想扭头回去找前任的人，也难怪你的前任要甩了你，毕竟谁也不愿意有个"双商"都很低的对象。

所以啊，谈恋爱的时候，就要跟前任断绝一切往来，一心一意地经营一段新感情。也许你与前任有着很多很多无法释怀的回忆，但我仍然希望你把它们交给时间。

不要把你的心同时交付给两个人，前任不稀罕你的深情，你也不能对不起现任。

••••

不要把深情错付，没有人会一而再，再而三地等你爱他。

如果有一天，现任发现了你和前任之间还存在着某种联系的话，最好的办法就是将联系干脆利落地斩断，然后用往后的时间去证明。

莫问从前，此时此刻，我只爱你。

我劝你不要长情

　　曾在微博上看到这样一个话题：放弃一个喜欢了很久的人，是什么感觉？

　　很多人都在下方的评论区给出了自己的答案。说到底，每个人都在传达两个字——释然。即便这种释然是自己不甘愿，即便这种释然是现实所逼迫。

　　在众多的回答中，有一句话非常有诗意：你仍然是我的软肋，却再也不是我的盔甲。当我们真的选择放弃一个喜欢了很久的人时，势必在心里做了无数次的权衡，最终不得不屈服于现实：离开他／她，给他／她更好的幸福。

　　在越来越薄情的时代里，长情变得越来越难能可贵，可我为什么还要劝你不要长情？

·

前几天跟初中同学韩韩聊天的时候，提到了他曾深爱多年
的一个姑娘，她是我们初中的同班同学，两人之间的关系早已
是尽人皆知。

当老师一前一后叫到这两个人名字的时候，班上所有人会
不由自主地传出一阵嘘声。但不知道为什么，这两个人始终没
有在一起，而当我们各自考上高中、考上大学之后，彼此之间
的联系也断了。

当他们再次联系上的时候，韩韩还是单身。我问他是不是
还在等那个姑娘？他只是一脸苦笑地摇了摇头："说实话，我已
经把她放弃了，但我好像也失去了爱一个人的能力。"

放弃一个喜欢了很久的人，就像是生生把你已经圆满的生
活挖去了一块。你不知道，那个突然血淋淋的缺口该如何去弥
补。你只知道，那失去的一块再也不会回来了。这个伤口只会
在未来的几十年时间里慢慢结痂，最后变成一个丑陋的伤痕。

曾听过这样一句话：爱情可以等待，但是爱情经不起等待。
在等待的漫长过程中，我终于明白你永远都不可能属于我；而
当我转身离开的时候，也并不代表我已经不爱你了。相反，我
很爱你，但我的余生还有很多事情要做，我不得不选择离开你。

再回想起自己曾经的感情几乎都给了那个姑娘，然而自己却一身伤痛、无功而返地离开时，韩韩仍然忍不住叹了一口气。

但转眼间，他的目光中都是明媚，他说："这个世界上有一个值得深爱的人，还是很幸福的。"

•••

爱情的最高奥义是让两个本来过得不错的人变得更好，而如果爱情注定落幕的话，那么最好的结局就是让两个人都体面地回归各自的生活。彼此之间不要有那么多计较，要知道，如果在爱情里计较的话，那便不是爱了。

有失恋的读者说了这样一句话：我用尽全力拥抱，最后满身伤痕离开，才换来的这样一个完美男友，怎么转眼就成了别人的呢？

凌晨最适合来思念，隔着手机屏幕，我听着那位读者诉说着她和前任之间的故事。

他们经历了所有情侣该经历和不该经历的事情，本以为度过了热恋时的激情和生活的洗礼后，他们可以走到最后，然而当她满心欢喜地等待着从爱情步入婚姻的时候，两人之间的关系却亮起了红灯。

没有出轨，没有第三者插足，也没有父母的干预，但两个人之间的矛盾就这么一点一点地出现了。从装修的瓷砖颜色，到两人的三观，她突然发现自己眼前的男友像是变了一个人一样，从上到下都不合自己的标准。同样的，男友也觉得她再也不像刚开始恋爱时那般可爱动人了，于是在无休无止的争吵中，爱情归于死亡。

很多人都说："不要说什么爱情凋亡，不爱了就是不爱了，哪有那么多诗情画意的说法。"但我想说的是，所有人都应该相信爱情，但也应该相信爱情会死亡。

从无到有，从生到死，是世间万事万物的生存法则。两个人初见时的因缘际会，到后来目光交错，再到最后的"执子之手，与子偕老"，这本来就是爱情生长的过程。但不要忘了，即便是爱情度过了萌芽期，进入了生长成密林的时间里，仍然会面临各种各样的问题。

爱情里的任何时候都不要放松警惕，因为命运中任何一个细微差错，都可能会让感情坠入深渊。

•••

不知道大家有没有听过这样一句话：你永远叫不醒一个装

睡的人，也永远感动不了一个不爱你的人。

当我们选择放弃一个爱了很久的人时，一定想过这样一个问题：为什么我在她／他身上花了这么多的时间，却最终还是没能得到她／他。

首先我想说的是，爱情一定是双方的事情，不以个人的意志为转移。所以千万不要用死缠烂打的方法让对方回头。也许出于种种原因，生活的压力也好，周围人的劝说也罢，那个人真的答应跟你在一起，但那也并非出自他的本意。

他只不过是妥协了，因为他左看右看，身边并没有一个比你更适合跟他在一起的人了。可只要那个人出现，你的这段几乎是用尊严换来的爱情便会瞬间凋亡。

我很佩服那些用尽一生一世去爱一个人的人，但我不希望你们成为那个用半生甚至用一生只爱一个人的人。

放弃一个深爱了很久的人一定很痛苦，因为你虽然没有得到她／他，但却让她／他成了你生命中的一部分。你对她／他还保有执念，因为你觉得也许自己再努力一下，她／他会跟自己在一起的。

但是这个世界上，不是所有人的执念都可以得到释怀，人这一生会有很多很多的遗憾，你所要做的，就是把他当作是这段时期的心愿，然后奋力向前。当你走到下一个路口，看到更美的风景后，也许你会突然间发现自己应该放手了。

你不需要释怀，也不需要让他彻底离开你的生命，你只要学会搁置，将他安放在心灵深处的某一个角落里，交给时间，让时间和那个人吻别。

Part 3

经营好独身生活，
人生自然柳暗花明

为什么好姑娘都色气满满

在朋友圈里看到了这样一句话：好姑娘不一定好看，但一定色气满满。

因为不了解"色气满满"是什么意思，我特意去网上查了查："色气"在日本动漫中泛指女生的魅力和诱惑力。

换言之这句话的意思就是：好姑娘不一定颜值高，但好姑娘一定很吸引人。

·

前几天参加一个展会的时候，有同事指着主持开幕式的直系学姐说："不知道为什么，她明明长得不算出众，但我总觉得整个舞台都在围绕着她转。"

学姐是业内数一数二的翻译，曾经跟着老总远赴欧洲谈判，以翻译精准、措辞老练而得到不少甲方客户的认可。用同事的话来说，学姐长得不算惊艳，但她只要一开口，你就会不由自主地朝她靠近，因为你想问的一切都能在她那里得到精准的答案。

让学姐开始主持的契机，是因为一篇颇有古意的开幕词。

这场展会先前彩排了很久，在面对文言文风格的开幕词时，很多外语主持都没有办法准确翻译其中深意，绝大多数人翻译出来的含义要么平淡无奇，要么出现歧义。就在此时，学姐临危受命，将主办方所要表达的内容完美地传达给了外国友人。

在展会结束的时候，有外国公司特意托人来询问学姐的名字，并赞叹她为"少有的有人文情怀的翻译者"。

学姐是商务英语专业出身，对英语系国家的文化也有很高的造诣。她会在严肃枯燥的谈判中，用对方国家的乡村俚语来缓和尖锐的氛围；她能在会后聚餐时，和外国人侃侃而谈他们耳熟能详的文学作品。

因为学姐的优秀，所以身边从来都不缺爱慕者。

越是在颜值制霸的时代，内在美越显得珍贵。

当有一个姑娘出现在你的生命里，她不一定很漂亮，但你发现只要她在你身边，你会很安心的时候，你就不由自主地想一直跟她在一起。

一见钟情向来是少数，日久生情才是绝大多数爱情生根发芽、茁壮成长的过程。

··

大学时候班上有位唱跳俱佳的男神，在新生迎新会上以帅气的舞姿征服了大批迷妹。可当大家看到他的女朋友后，多多少少会有些失望，因为围在男神身边的姑娘里有的是比他女朋友好看的人。

男神对此的解释是："我和她在一起很舒服。"

年轻的时候，我们总觉得爱情很简单，你爱我，我也爱你，那么我们就会一辈子幸福地在一起。

可真正相处之后才发现，再好看的容颜也会被鸡毛蒜皮的琐事丑化，再深厚的感情也会被乱七八糟的变故搅扰，如果这些事得不到解决的话，积累到一定程度就是分手。

我们经常会听到恩爱的小情侣在解释为什么要跟对方在一起的时候，都会不好意思地说："我也不知道，跟他 / 她在一起就很开心，很舒服。"

用男神的话来说："她和我说的每一句话都恰到好处，跟她相处从来不用担心尴尬，总结下来就是五个字：只有她懂我。"

有句话叫"相爱不如相知"，好看的皮囊千千万，能找到和你步调如此一致的人才更值得珍惜。

在感情中能让男生觉得对方懂自己的姑娘，只有两种情况：一种真的是三观和灵魂完全契合，这种情况万里挑一；另一种则是情商高。

很多人都说情商高的姑娘城府深，但事实上知世故而不世故才是真正的成熟。

爱情说到底就是两个陌生的灵魂彼此交融，我们在一起的目的不是用身上的锋芒让对方遍体鳞伤，而是学会收去锋芒，相互包容。

失败的感情经历很少是因为重疾或者灾难；绝大多数情况下，打败爱情的是细节，是生活中的那些零碎矛盾。

高情商的姑娘往往能化解生活中绝大多数的争吵，当男生觉得和她在一起很舒服的时候，就会不由自主地爱上她。

●●●

有朋友在看《跨界歌王》的时候，感慨了一句："当初的四小花旦也就只有徐静蕾身上还留有青春少女的痕迹。"

很多明星为了保持自己的容颜不老，每年都花重金在保养上面。可无论怎么努力，虽然年轻的容貌还在，但时间仍然会在她们身上留下痕迹，只有徐静蕾和别人不一样。

永远对这个世界保持着孩子般的好奇心，以自由的方式去拓展当下的生活。这是徐静蕾给自己总结的生活状态。

相较男性来说，时间对女性的荼毒更加严重，会在不经意间让女人显露颓态。而能对抗时间的，正是永远独立、永远自由的灵魂。

身边有很多女性朋友都喜欢徐静蕾，因为她们从徐静蕾身上看到的，是自己心底无比渴望，却不敢尝试的生活姿态。

在生活中能保持灵魂独立与自由的姑娘，身上会带着一种说不上来的吸引力。就像是徐静蕾一样，即便是身边有很多爱慕者，即便早到了适婚年龄，她也只按照自己的想法去生活。不是不婚主义，不是不需要男人，只是自己目前不想结婚，不想谈恋爱，仅此而已。

活出生活真谛的姑娘们身上都带着光，她们的身上有男人也羡慕的洒脱和豁达，也会因此得到男人们来自心底的佩服和追慕。

····

　　年轻的时候，我们总把乍见之欢当成一生所爱，后来发现外表逃不过时间的磨蚀。

　　我们终将深深爱上一个好姑娘，不因她的颜值，只为她的思想和灵魂。

单身是距离成功最近的时候

朋友小白发信息跟我吐槽朋友圈里的秀恩爱，并用同是天涯沦落人的口吻对我说道："我们都是孤独寂寞冷的单身狗。"

其实这样的话，朋友小白每个月都要跟我说上两次，然后从我这里寻求共鸣。

可是和小白的聊天结束后，我没有兴趣去看他说的各种八卦，而是下意识地打开电脑，准备码字。

单身狗的孤独寂寞冷我没有体会到，相反我发现，单身后的自己处在人生最惬意的时期：父母尚在壮年，没有家庭负担，更没有经济负担。这一时间段的我可以尽情地去追寻梦想，去做自己曾经想做却因为种种原因搁浅的事情，比如健身、阅读和写作。

单身是最容易成为优秀者的时候。

其实就在一年前，我曾热衷于在朋友圈里发泄自己失恋的痛苦，还喜欢在每一条热点新闻下面留下自以为精辟的评论。但是我的前女友并没有因为我的痛苦回头，我的留言也很快淹没在评论区。

后来为了转移注意力，我开始跑步、阅读，开始尝试接触新鲜的东西。

因为一无所长，我选择的是在图书馆看杂书消磨时光。

后来在一次大学语文课上，古板的老教授在黑板上写下了"虫二"两个字，满堂学生不解其意，只有我脱口而出："风月无边。"让那个曾经对我毫无印象的老教授瞬间记住了我的名字。

从那之后，我便正式把读书当作是自己的兴趣爱好，而不是用来消遣时光的手段。再后来因为喜欢同一个作者，我结交了一位爱健身的姑娘，并在她的带领下把汗水撒在健身房。

从一开始的硬着头皮坚持，到之后完全适应每天上课、写作和健身的紧张生活。明明每天日程都被塞得满满当当，可是我却从没感觉到疲惫，反而身体素质越来越高，精神状态也越来越好。

这个社会上的绝大多数人都过着单调且疲惫的生活。他们明明工作时得过且过，却总在朋友圈里喊着工作繁重，毫无个人时间；可是当他们换了一个更加轻松的工作后，他们却在早早下班后窝在沙发上打游戏，看电视。

毕竟对他们来说，比起发愤图强改变自己，王者峡谷的召唤和狗血影视的剧情更有意思。

他们明明是最不满生活的一群人，但他们的不满也就只停留在了宣泄不满上。一面渴望改变，一面依赖现实。他们会用很多理由来说服自己，让自己沉沦在现实里一动不动。

单身的时候，他们说趁着年轻要好好玩玩儿，否则将来有了责任和家庭就再也不能随心所欲了。脱单的时候，他们说自己也想改变，但是没有时间，因为家庭和责任已经让他们再也没有时间去改变自己了。

这是社会绝大多数人所面临的死循环。

可是在距离优秀最近的单身时期，尚且不愿意改变，又怎么能奢望有了生活负担后还能咸鱼翻身呢？

··

　　我的母校是一所"双非大学"，没有集中的教学资源，没有多如牛毛的出国交流名额，所以绝大多数的学生能在毕业后找到一份养家糊口的工作就已经是万幸了。

　　但是陈学长却像是鲁迅先生笔下第一个在黑房子中惊醒的人。

　　当他告诉我，他即将出国旅行的时候，我以为他是在说笑，直到他的朋友圈里出现了波兰城市克拉科夫的定位时，我才知道他已经开始践行理想了。

　　历时三个月，22 个国家，2.56 万公里。

　　当我把这个故事讲给身边人听的时候，绝大多数的人第一反应不是佩服陈学长的毅力，而是说："他家真有钱，否则怎么可能去那么多地方？"更有人说："我哪有三个月的假期去旅游，我也想啊！可是我得生存啊！"

　　很多人无法成功，是因为他们既不愿意相信自己可以成功，也不愿意相信别人的成功。当看到身边的人成功时，他们会把原因归于金钱或者时间这种外在因素上，而一再回避成功者本身所具备的品质。

　　陈学长就是最好的例子。同样出身农村的他从大一开始就勤工俭学，为自己的梦想做好必要的物质准备。当他每到一个地方时，都会拍照并写下关于当地风土人情的文章上传到旅游网站上，从中赚取一定的佣金。

当他北上到达蒙古首都乌兰巴托，他会拍下荒漠无边，长河月圆；当他转道前往俄罗斯圣彼得堡时，他会记下银装素裹，飞雪漫天……

每个人的成功都不是一蹴而就的，陈学长也曾经历过许多在常人看来是灭顶之灾的事情。他曾被人骗去土耳其伊斯坦布尔的酒吧里巨额消费，也曾在叙利亚大马士革与塔利班恐怖分子擦肩而过，甚至在刚出国境时，就在蒙古国的边境遭遇了当地边防人员的勒索。

当问起是什么让他坚持到底的时候，陈学长的两手交叉放在胸前，笑着说道："趁着年轻，趁着单身，想把这个世界好好看一看。"

单身时期是最好的自我升值时期。单身意味着你有大量的时间去让自己变得优秀，没有良好的外在条件，就去提升自己的内在气质。这个世上没有完美的人，我们只能努力让自己变得看起来不差。

而当错过这段时期再想改变自己的话，付出的精力和代价就远远不止如此了，这也就是为什么很多人从年轻时就很平庸，到老也无法改变命运的原因。

因为这群人习惯了用嘴去抱怨现实，在最应该提升自己的时候选择安逸，在最值得投资自己的时候选择无视，并在无限放大别人的优势和无限缩小自己缺点的过程中一直平庸下去。

●●●

当一个人想要变得优秀并开始努力的时候，会面对周围绝大多数平庸者异样的目光，这种时候你要学会无视和咬牙坚持。

不要妄想说服所有人去鼓励你改变自己，他们不妨碍你就已经是万幸了。因为人是很奇怪的生物，他们渴望改变，却又敌视破坏规则的人。

在我开始健身、写作的时候，我的朋友小白特意发信息来嘲笑我僵硬的四肢和蹩脚的语言表达；当陈学长决定环游世界的时候，周围人都用看傻子的眼神看着他。

可是当我开始有文章发表的时候，小白除了发"666"之外，再也没听他说过任何挖苦；当陈学长成为某旅游 App 的专栏作家，每个月都能公费出游，靠写游记赚稿费的时候，大家开始拿他做正面教材。

当你开始变得优秀的时候，全世界都会忍不住想要跟你做朋友。那些曾经想也不敢想的资源会尽数找上你，那些做梦也想不到的际遇会如雨后春笋般出现在你身旁。

单身的陈先生在第二次旅行时，在立陶宛遇到了一生所爱，一个农村娃带着金发碧眼的外国美女回乡结婚，也算轰动当地。

单身的我虽然还没有遇到爱情，但是收获了不少读者朋友，相隔天南海北，互诉衷肠，好生奇妙。

••••

虽然我们不应该用功利的目光去看待这个世界，但是你不得不承认，单身是你最容易成为优秀者的时候。

人生就像是在迷雾中不断摸索，我们无法预知前面等待我们的是什么妖魔鬼怪，那么就趁着此刻道路上还是薄雾，还算安全的时候备好武器，练好武功。若我十八般武艺样样精通，管你来的是魑魅魍魉还是牛鬼蛇神？！

趁着此刻大雾未至，趁着身后尚有父母倚仗，趁着身旁还无一生所爱，趁着自己还没有定性，努力提升自己，让今天的自己比昨天更优秀一点。

当有一天，父母垂然老去需要照拂的时候；有一天，一生所爱悄然出现需要你保护的时候；有一天，命运的捉弄接二连三出现的时候，你能自信且无畏地说：我已足够强大面对这一切。

不让别人为难，是成人世界的潜规则

　　毕业以后再也没有动静的班级群突然出现了新的消息提示，点开才知道是一位大学时的点头之交做了微商，正在到处打广告为自己的产品做宣传，并发展线下经销人员。

　　这位同学@所有人，见没什么人回应后，又一个个添加好友进行地毯式的信息轰炸。当我添加他为好友后，他一上来就是一段老掉牙的"鸡汤"，然后认真地告诉我："不想穷一辈子的话，就加入我们吧。"

　　即便我多次委婉言明自己没有兴趣，他仍然不罢休。终于在他近乎传销的言语轰炸下，我忍不住回了他一句话：

　　不让别人为难，是成人世界的潜规则。

·

　　当我发完这句话后，那位久未谋面的同学迅速回了我一句：我本以为我们是最好的朋友，却没想到你居然是这种人！算我大学四年瞎了眼！你这种人活该穷一辈子！

　　不用想也知道这位即将富有的老同学已经把我拉黑了。

　　我对着手机努力回想了一下我跟这位老同学在大学四年的共同回忆，找了半天也没有找到，于是长长地舒了一口气：真棒，我的社交圈里少了一个巨婴症患者！

　　这个社会上有很多人都患有巨婴症：身体是大人，但是心理却仍然停留在婴儿阶段。

　　这类人群一切以自我为中心，对最基本的人情世故毫无察觉。他们会毫不掩饰地说出所想并称自己为真性情，在自己的要求得不到回应的时候，又会恼羞成怒地用绝交或者耍狠来逼迫对方屈服。

　　后来大概是响应者寥寥，那位同学又在班级群里大发雷霆，发了一大段挖苦大家的话后奋然退群，退群的时候仿佛每一个群成员都欠了他五百万。

　　其实这样的巨婴症患者在我们身边比比皆是，对成人世界的潜规则一无所知，总在用自己世界的规则去衡量并要求每一个人。

一个合格的成年人会避免直接拒绝别人的要求。当听到委婉的措辞时,要求者就应当适可而止,避免让对方为难。当那位老同学听我说最近工作很忙,没有精力去学习微商的时候,就应该借坡下驴:"那改天你有空了,我再来跟你聊聊。"如果是这样的话,我们何必闹得如此僵?

可是在我说出这句话后,老同学反而给我上了一堂洗脑课:"如果当年马云用没时间、没精力的借口拒绝去抓住互联网商机的话,他现在只能是个教书匠,更不会有如今的阿里巴巴。"

成年人的世界有太多的巨婴症患者,有太少的理解者。

作为一个合格的成年人,除非是上下级的关系,否则永远不要用要求的口吻去强迫别人达成自己想要的结果。

我出于往日情分决定帮你纯属江湖道义,我不帮你也是人之常情。不要用自己的思维模式和人生准则在这个社会中行走,更不要去为难任何一个人。

··

深夜凌晨的朋友圈,刚入职场的表弟更新了一条新动态:明明已经很累了,到头来除了责备什么也没有得到。

我在下面认真地评论道:"不让别人为难,也不要让自己为难，成年人的世界需要学会拒绝。"

其实表弟之前就跟我抱怨过，总有些职场前辈会将非本职的工作交给他做。因为初入职场，所以表弟只能一味地承受，渐渐地将自己逼进了绝境。在多次本职工作没有按时完成后，表弟终于遭到了主管的训斥。

"他眼瞎吗？看不到我忙成了一条狗吗？"

听着表弟的抱怨，我回复道："不管你有多忙，本职工作没有完成，难道不该被训斥吗？工作需要的是结果，而不是过程中的心酸和努力。"

我们从小就被教导要助人为乐，可是进入社会后就会发现，助人为乐应该有一个前提：要在力所能及的范围内。

成人世界的潜规则除了不让别人为难外，更不该让自己为难。学会拒绝是对自己的保护，也是对别人的负责。

表弟碍于职场前辈的面子，选择牺牲本职工作的时间去做非本职的工作。因为自己的任务没有完成，所以在做非本职工作时往往会心急如焚，力求尽快解决，这样的工作状态很有可能是两头都落空。

在力所能及的范围内助人为乐，是一种智慧。这样既可以让自己学会更多的技能，也能拉近彼此之间的距离。但如果助人为乐变成了自己的负担，那叫自讨苦吃。

因为好心办坏事导致更大的工作成本，反而得不偿失。后来表弟在一次手忙脚乱中输错了一个小数点，造成公司财政报表账面出入不平，导致整个工作组通宵加班才算解决。

不让别人为难是本分，不让自己为难是智慧。

自身难保的泥菩萨，怎么能要求他去普度众生呢？

•••

在寻求别人帮助的时候，不要让别人为难，千万不要用感情牌来道德绑架。可是在日常生活中我们见过太多的反例。

你是程序员，来帮我修个电脑吧，反正对你来说是小菜一碟。

你学设计的，一定会修图吧，帮我修修照片呗。

很多人都存在认知上的误区，他们认为自己的要求只不过是轻描淡写的事情。即便是对方达成自己的要求，也不会心存感激；而当对方拒绝自己的要求时，就会恼羞成怒。这就是典型的巨婴症表现。

马克思说：

"你希望别人怎么对待自己，你就要怎么对待别人。社会上的每一个人都是平等且自由的独立个体，不会随着别人的好恶而改变。"

不让自己为难，学会拒绝，学会力所能及地帮助他人，为自己留下退路。当我们选择寻求别人帮助的时候，就应该做好了被拒绝的准备。

有个很经典的故事足以说明人性的微妙。

你每天给乞丐十块钱，当有一天突然不给的时候，你在乞丐眼里就不再是善人形象，而是一个不折不扣的混蛋；而你从来都不施舍，突然有一天给了乞丐十块钱，那你真是个大好人。

一味无条件地答应别人而为难了自己，只会把自己渐渐逼到恶人的境地。当有一天，所有人都习惯了向你伸手，你却再也满足不了他们的时候，又该怎么办呢？

••••

有句话说得很好："拒绝前冷静想想，拒绝后不要想太多。"很多人为难自己的原因是害怕得罪别人。但是你要知道当你陷入进退两难的地步，再回头去拒绝别人的时候，你非但不会得到任何感激，反而会落个出尔反尔的污名。

你不是老干妈，不能让所有人都为你血脉偾张。靠一味妥协和付出去取悦别人，总有一天会把自己逼上绝路。

如果觉得人生太难，那就去逛逛菜市场

在看纪录片《风味人间》的时候，想起导演陈晓卿说过的
一句话：

一切不逛菜市场的城市旅游，等同于不以结婚为目的的
恋爱。

在这个以寻觅人间美味为人生宗旨的人眼中，菜市场成了
这世间汇聚所有美感的地方。

不过，也不光是陈晓卿这样的"大吃货"对菜市场推崇备至，
性情中人的作家古龙，在他游戏人生数十年后，也感慨了一句：

一个人如果走投无路，心一窄想寻短见，就放他去菜市场。

印象中的菜市场，永远是地面潮湿、人潮拥挤、喧闹不休

的所在。但就像是有种说不出来的魔力般，当真真正正踱入那个喧嚣的空间后，本以为会被喧闹扰乱的心境，反而逐渐平息，然后欢愉起来。

我有个刚从北上广辞职回老家的朋友，因为心理落差太大，再加上找工作不顺，一度出现了抑郁症先兆，整宿整宿地睡不着觉，瞪着眼睛一直到天明。

就在我们所有人都为他担心的时候，某个凌晨 5 点的早上，他发了一条朋友圈：烟火气。

配图是他刚买的豆浆油条，热腾腾的蒸气从笼屉上升腾而起，这个差点陷入抑郁症泥淖中的年轻人，终于活过来了。

更有意思的是，从那之后，朋友开始每天坚持早起逛菜市场，买回新鲜的食材，亲手为自己做饭，并每天在朋友圈里晒出他做的菜肴，而在一条动态下面，我看到他回复了这样一句话：

如果觉得人生太难，那就去逛逛菜市场。

·

菜市场，一个能直观城市灵魂的地方。

美食家蔡澜先生在接受许知远采访的时候，特别提到了他尤为钟爱的九龙城街市，这未必是全香港最繁华的菜市场，却

145

一定是全香港最有风味的菜市场。

不光是市井小民，就连香港的顶流明星也是这里的常客，因为九龙城街市囊括了所有人对美食原材料的需求。漫步在人头攒动的菜市场内，慈眉善目的蔡澜说了这样一句话："每到一地，必要逛一下当地的菜市场，那是城市里最市井、最真实的地方。"

这些年走南闯北的蔡澜确实也做到了这一点，因为在他眼中，要想快速了解一个城市的人文情怀和精神内核，逛菜市场一定是最合适的选择。

鲜活的鱼虾在水中跳跃，溅起的滴滴水珠撞碎一地；各色的蔬菜整齐叠放在一起，略带尘土的点缀反而更显时令的新鲜；除此以外，还有各色干货琳琅满目地排列在一起，每一个食材仿佛都在跃跃欲试地叫喊着："吃我！吃我！"

但这些还只是菜市场所展现的些许魅力而已，每一个菜市场一定会有当地独一无二的食材，而这些别无他家的食材便成为我们认识一座城市最简单的途径。这些独一无二的食材，是这座城市用千百年的时光积淀出来的美食基因，而这样的基因也深深潜藏在当地人的血脉传承中。

无论你来自何方，也无论你操着怎样古怪的口音，只要你能和当地人一样对特色食材了如指掌，如数家珍，那些本还跟你有些生分的当地人一定会瞬间跟你活络起来。

因为此时此刻的你，已经掌握了这座城市人文深处最难为人所知的东西，也洞察到了这座城市的灵魂。

··

菜市场，一个能打破交际屏障的地方。

很多人每到一个新地方的时候，都苦恼于该如何打破交际屏障，而如果你多逛菜市场的话，你就会发现这个深深困扰你的问题，已经在不知不觉间渐渐消失了。

我有个背井离乡去外地打拼的同事，因为没有亲人和朋友在身边，所以在这座陌生的城市，他在下班时间就是宅在家里吃外卖。单调的生活底色让他一度对这里充满了反感，无时无刻不想要逃离。

但一次机缘巧合，朋友来他家里做客，他不得已去了趟附近的菜市场，然后在热闹的菜市场邂逅了住在他对门、楼上和楼下的老太太们。

就像是石子击碎宁静的池水般，在白发苍苍的买菜队伍里，一个年轻人小伙的出现成了所有人的焦点，就在朋友犯难不知道该买什么，不知道眼前这些稀奇古怪的蔬菜是什么的时候，实在看不下去的老太太们出手了。

流利的方言和蹩脚的普通话交替出现，一群老太太七嘴八舌围在他的身边，朋友连比画带瞎蒙，终于买到了自己想要的食材。但到了要付钱的时候，老太太们又一马当先地为朋友砍起价来，费了一番唇舌之后，朋友买的莴笋便宜了 6 毛钱，还额外收获了四瓣蒜和一个青椒。

全程目瞪口呆的朋友就这么站在那里，听着嘈杂的砍价声，那一瞬间他的内心却安静下来，因为工作和生活的双重压力而不断焦躁的情绪也在那一刻收起了它的戾气，一切似乎都在那次逛菜市场后改观了很多。

"因为热爱生活才有的仪式感，逛菜市场是中国人独有的仪式。"

在那之后，朋友一旦有空，就会跟着对门的老太太去买菜，在她的耳濡目染之下，待在这座城市两年都没学会当地方言的他，只用了几个月的时间就能蹦出几句砍价专用切口来跟商贩过招。

"原来几毛钱也能让我这么快乐。"每一次砍价成功都是一种成就感，和完成某个工作课题一样值得雀跃。在菜市场，朋友终于实现了自己想要完美融入这座城市的梦想。

菜市场，一个能唤醒烟火气息的地方。

作家汪曾祺在作品《食道旧寻》中这样写道：

到了一个新地方，有人爱逛百货公司，有人爱逛书店，我宁可去逛逛菜市场。

在中国文学史上，被誉为最后一个士大夫的汪曾祺给人的第一印象就是好吃，这位嘻嘻哈哈的老顽童用文字给世人勾勒了一个庞大的美食帝国。我也曾在写汪曾祺的文章中这样写道：

如果过得不开心，我劝你读读汪曾祺。原因无他，只因为汪曾祺的笔下全是烟火气。

一个人的内心若是没有烟火气，那么他一定是活不下去的。作为人类的原始需求，对于美食的渴望是铭刻在骨子里的，这也就是为什么很多人都会在看望病人时，问一句："现在吃饭还好吗？"

当得到肯定回复的时候，所有人都会松了一口气，笑着说："还能吃，没事的，一定会好起来的。"

这世间最有烟火气的地方，莫过于菜市场。趁着某个闲暇时分，赶上早市或者晚市，抛去一切杂念，一头扎进菜市场里，看着满眼鲜活的瓜果蔬菜，听着满耳热闹的吆喝叫卖，你会发现原来柴米油盐酱醋茶中也有那么多快乐。

••••

在刷抖音的时候，经常会看到文案里有这样一句话："世
人庸庸碌碌，只为碎银几两。"高晓松也在告诉我们："生活不
只是眼前的苟且，还有诗和远方。"

很多人终其一生都想要摆脱自己现下的平凡，却不知道我
们一次又一次厌弃过的"庸碌"，才是人生最真实的底色。

就像是槽值说得那样：

毕竟人生总要有些烟火气才能完整，方能让世界知道你来过。

我曾梦到过百万雄兵，最终驻足于市井的烟火，因为真正
和这个世界交过手的人都知道：世间烟火气，最抚凡人心。

你能一个人精彩，也可以两个人辉煌

经常会在网上看到有人这样阐述婚姻：你一定要遇到一个人，让你婚后的生活比独身时更好。也正是在这样的观念刺激下，越来越多人期待遇到一个比自己更优秀的人，并将自己生活水平的提高寄希望于对方身上。

举一个简单且形象的例子：每个人都代表一个数字，他们需要去寻找一个伴侣。在实操中我们就会发现，数字越大的人越不在乎伴侣的数字，而一般人则更希望能找到一个数字比自己大的人。这也就是为什么，大部分人都希望门当户对，而灰姑娘嫁入豪门也时有发生的原因。

诚然，一段好的生活状态是让自己因对方的出现而变得更好，但对于自身而言，完美的生活状态却不在此。一个人完美的生活状态，是你可以一个人精彩，也可以两个人辉煌。

·

从另一个角度来说，你想要在一段感情里收获什么，自己就要先去拥有什么。

爱情于我们的人生而言，从来都是锦上添花的存在，你可以想找一个人使你不再沉沦，但别忘了那个人也可以是你自己。

见过太多的人，在自己一个人的时候总把日子过得很糟糕，因为在他们看来，生活似乎没有什么值得期待的，也是在这个过程中，这类人逐渐丧失了发现生活趣味的眼睛，错过了其实就算一个人也可以很精彩的生活。

你明明有很多的时间读喜欢的书，做喜欢的事，给自己烹饪一道美食，来一场旅行，去运动健身，培养一些兴趣爱好，让自己变得越来越好。在经历与成长中，你将收获充实且无限精彩的生活，遇见更好、更有趣的自己。

诚然，一个人的日子里，难免让你觉得孤单有些苦涩，但在足够精彩的日子里，你会更明白自己想要的是什么，等待的是什么。

要知道，我们并非一个人不能精彩，也并非自己的精彩一定要别人为我们实现。你的人生里，主角永远是排在首位的自己，而非你的另一半。

你变得更好，首先是为了自己，其次才是为了遇见更好的人，并在两个人的时候相得益彰。

＊＊

好的婚姻让人成长，完美的婚姻让两个人辉煌。

在没认识表嫂之前，表哥是个花钱如流水，得过且过的公子哥。他曾不止一次对我说，婚姻是男人的坟墓，如果可以，这辈子都不想结婚。但表嫂的出现，让他改变了这个想法。

表嫂是个非常温柔的人，在表嫂面前，表哥的坏脾气无处释放。更多时候，表哥是个倾诉者，将自己的生活苦恼说给表嫂听；而表嫂则是个聆听者，她会在无形中化解表哥所有的负面情绪，并反馈给他正向的情感。

都说生命里有些人的出现就是为了让你成长，而像表嫂这样的人，他们的出现是为了修正我们已经渐渐走偏的人生。

其实表哥表嫂的收入并不高，但以前在月中就哭穷的表哥，现在也渐渐变得花钱有规划了。除了正常的日常开销之外，小夫妻到了年底甚至能攒下一部分钱，以备不时之需。

婚姻最害怕的，其实并不是贫穷，而是两个同床共枕的人却同床异梦。当两个人携手前进，却走向相反方向的时候，这段婚姻无论是存续还是幸福度上，都注定不会有一个好结果。

　　每个人都希望找到可以依靠的人，但婚姻中的依靠并非一方依赖于另一方，婚姻中的依靠必须是相互的，没有谁必须无条件为谁牺牲，更没有谁必须无条件服从于谁。

　　婚姻最奇妙的地方就在于让两个原本毫不相干的人，最终走到了一起，并矢志不渝。所以，当你进入一段爱情或者步入婚姻殿堂的时候，请你摒弃那些大男子主义和女权癌的想法，我们自始至终都希望找到的，是一个可以将弱点完全暴露给对方的战友，而非一个始终依附于自己身上的寄生虫。

　　完美的爱情状态，不是让自己变回无忧无虑的小孩，而是让自己活成一个人的战士，两个人的保护伞。完美的生活状态也是如此，你可以一个人精彩，也可以两个人辉煌。

我知道你过得很辛苦，但请你一定要坚持

　　跟码字的圈中好友聊天的时候，提到彼此的朋友圈里有很多人已经靠写作赚到了大笔的稿费，甚至简简单单的图文带货，就轻松赚了一个月的工资。

　　聊完这些的时候，我和小伙伴都感慨了一句：为什么别人赚钱就这么简单，而自己却这么难呢？

　　其实和朋友相比，因为是平台签约作者的缘故，我每个月多多少少有签约稿费作为保底，但朋友就不一样了，如果拿不了平台优质奖励，甚至出不了爆文的话，那么辛苦一个月所获得的稿费，实在是寥寥无几。

　　话说到这里的时候，朋友深深地叹了口气，他说不知道自

己还适不适合在写作这条路上走下去。

我沉默了很久，然后对他说："我知道你过得很辛苦，但请你一定要坚持，因为成功已经不远了。"

·

我说这句话并不是为了给他灌"鸡汤"，恰恰相反，我真的见过这样的人。

2017年，我刚开始码字的时候认识了一位朋友，当时他和我一样，从写网络小说开始。但我和他不一样的是，我大概坚持了半年，半年以后我最终还是选择放弃了。

没有经历过的人，根本都不知道每天输出6000字却见不到任何回报，是一种怎样绝望的感觉。看不出自己到底差在哪里，能看到的只有满屏的绝望、孤独和无助。因为当你耗尽心血写出一篇文章的时候，阅读数却屈指可数，这是一种让人窒息的痛。

我放弃之后的一年，那个朋友仍然在坚持，从每天更新5000字变成了更新8000字，他把所有的精力都花在了码字更新上。

一年365天，除了春节那天断更之外，其余所有的时间都在更新。哪怕是自己得了重感冒住进了医院，他也一边挂着点滴，一边赶着第二天的稿子。

因为彼此之间的交集变得越来越少，我们渐渐疏远，当我再次听到他的名字的时候，他已经是某网络文学网站的签约新秀了。他的文章第一次出现在了榜单上，也收获了不少粉丝，他终于可以大大方方地在朋友圈里晒出每个月的稿费收入。

··

我记得去祝贺他的时候，他感慨地对我说："其实刚开始的时候，我的写作水平根本就不如你，但可能是笨鸟先飞的缘故，我比你多坚持了一段时间，就是坚持让我超过了你。我觉得，如果人生真的很难的话，不妨咬着牙一路走下去，慢慢地，你就会豁然开朗。"

相声演员岳云鹏第一次进北京的时候只有 14 岁，他干着最脏最累的活，拿着最低的工资。

直到成名后，再回忆起那段过往的时候，岳云鹏仍然对当年那段服务员的经历耿耿于怀。因为经验不足，经常记错桌号而送错菜，为此岳云鹏甚至被一位客人整整骂了三个小时。

那时候的岳云鹏想到了回老家，但如果真的就这么回老家的话，也许他一生都只是个无人问津的小保安，我们也就没有机会在荧幕上认识这位相声新星了。

很多人听到这些名人的悲惨过往时都会说："这世界就是不公平的，我明明和他们吃了同样的苦，为什么我没成功呢？"

但事实上如果仔细想想的话，我们和名人有这么大差别，其实只有一个原因：他们无论吃了多少苦，都不会改变自己的人生方向，而是继续用破釜沉舟的决心，才得以最终拥抱梦想。

●●●

如今如日中天的德云社也曾濒临破产，到了山穷水尽的境地，彼时的郭德纲在做什么呢？

他没有选择放弃，而是客串各类节目，即便是像耍猴一样，自己被关在一个全透明的笼子里，他也强颜欢笑，不为别的，他不想让自己吃的苦白费。相反，对于我们大部分人来说，对于苦我们仅做到浅尝辄止而已。

我有个高中同学，他的人生很精彩。高中毕业后，他先学电焊，然后跟着长辈一起去深圳做红木家具。我上大学那会儿，他又开始做起了微商，近几年他的朋友圈里又出现了服装导购的信息，他的每次职业转变既都仓促又随意。

跟他聊天的时候，他说自己吃了很多平常人根本吃不了的苦。自己曾在学电焊时被烫伤，在做红木家具时，一个人开着车在暴雨的高速路上奔波，还曾因为做微商被亲朋好友疏离，而最近几年因为服装行业不好做，他的手上已经积压了很多的货。

"都说吃得苦中苦，方为人上人，为什么像我这样的人，明明吃了那么多苦，却没办法成功呢？"

其实很多人都像他一样，他们在面对苦难时通常都蜻蜓点水，一方面他们比谁都渴望成功，但另一方面，他们永远低估了自己吃苦的能力。在一次次地放弃中，他们既没有积累到经验，又蹉跎了时光。

随着年岁渐长，我们都会意识到一点，那就是有些苦不得不吃，还有些苦没有必要吃。

••••

如果你正在做的事情仅仅只是一次尝试，那么当你遇到重重阻碍时，真的坚持不下去时，不妨适可而止，潇洒撤退。

因为人生苦短，实在没有必要为了某些无关痛痒的事情，付出太多的机会成本。但如果你正在做的事情，是你终身热爱的，并且是难以割舍的话，那么请你务必咬牙坚持。

我知道你过得真的很辛苦，我也知道也许熬到今日，你已是强弩之末，但我还是想说："你一定要坚持下去，因为一旦你选择放弃的话，你会遗憾终生；但如果你继续坚持下去的话，我想成功一定会在某个不经意的瞬间，来到你的身边。"

真正的成熟：知世故而不世故，处江湖而远江湖

罗曼·罗兰在著作《米开朗琪罗传》中说：

这世上只有一种英雄主义，那就是看清生活的真相后仍然热爱。

长大后的我们总是怀念小时候，因为那时的我们可以光明正大地拒绝面对人情世故和生活苦难。而随着我们逐渐长大，我们会愈发觉得自己困守在方寸之间，无法超脱。

之前在网上看到一组剧照，六小龄童老师在电视剧《石敢当》中饰演了玉皇大帝，有人在下面评论说："我们最终都变成了自己最讨厌的样子。"会心一笑的背后是随着我们愈发长大后的不得已。我们正在随波逐流，渐渐失去自己的声音，只是跟着人群呐喊，即便那并非我们的本意。

因为我们正在懂得人情世故，身上修炼出了江湖气，那些初生牛犊不怕虎的锐意也随时间淡去，我们以为这就是成熟，却从来都没有想过，真正的成熟应该是：知世故而不世故，处江湖而远江湖。

·

如今提起演员黄渤，我想不会有人质疑他一线明星的地位。但在尤其看脸的娱乐圈里，黄渤一路走来实属不易。伴随着黄渤的标签，通常都是高情商和实力派，很多人都说高情商就是圆滑世故，但却很少有人说黄渤是个圆滑的人。

黄渤的高情商表现在他的日常采访中，曾有记者问他能否超越葛优，黄渤是这样回答的：

这个时代不会阻挡你自己闪耀，但你也覆盖不了任何人的光辉。因为人家曾是开天辟地，是创时代的电影人；我们只是继续前行的一些晚辈，对这个不敢造次。

这是一个很难答的问题，但黄渤却给出了完美的答案。和其他只知道背稿子、打太极的明星相比，黄渤的回答就像是和风细雨，在给出答案的同时，既肯定了前辈，也认可了自己。

在所有成年人都陷入"世故"的怪圈中时，黄渤用自己的人生诠释了什么是"知世故而不世故"。面对世故的人，你只会感到油腻和距离感；而面对"知世故而不世故"的人，你能感知到的，只有温暖与被认可。

我曾见过不少精于世故的人，他们通常巧舌如簧，善于用各种言辞来达到自己的目的，但这样的人说话纵然天花乱坠也难以让人幸福。真正成熟的人，从来不用文字游戏来给自己开脱，而是想方设法在彼此之间达成动态平衡。

世故是一种伪装，"知世故而不世故"是一种习惯，不要让你的态度伤害到别人，但也别忘了你的态度。

..

在先秦百家中，我唯独钟爱梦蝶的庄周。不为其他，而是为他置身江湖之中，却又从未沾染半点江湖气的人生。

庄周梦蝶，亦梦亦真。置身乱世中的庄周并没有为身边人好争名利的风气影响，他早早就决定归隐著书立说，对花费重金求他出山的楚王使者嗤之以鼻。

在浮躁的世界中，庄周就像是"众人皆醉我独醒"的清客，一边在江湖里恣意漂游，一边又宁死不愿沾染半点江湖气息。

作为娱乐圈中的庄周，歌手朴树也成为五光十色的娱乐圈中的一股清流。至纯至善的性格让朴树写出了无数脍炙人口的经典歌曲，而纤尘不染的人格也让他在浮华喧闹的娱乐圈中，活成了一位隐者。

朴树很狂，因为他不买任何人的账，只愿意跟随本心的召唤，去写属于自己的歌曲。但朴树又很谦卑，在音乐面前他就像是个内心炽烈的孩子，无论何时都用仰望的姿态，打量音乐的殿堂。

古龙说："人在江湖，身不由己。"当我们真的踏入江湖的时候，如何在光怪陆离、纸醉金迷的诱惑中，继续保持自己的初心，不为世俗的尘埃所染，成了我们每个人的必修课。这很难，但如果你能做到，便胜千万人矣。

曾听一位前辈说过这样一句话："入江湖很容易，但出江湖很难。"而似乎是为了印证这句话，武侠小说大师金庸在《笑傲江湖》中安排了衡山派刘正风因想"金盆洗手"，最终招来杀身之祸的剧情。

正邪对立，搏斗半生的刘正风厌倦了江湖的打打杀杀，想要归隐山林，过上吟风弄月生活的时候，以五岳剑派盟主左冷禅为首的嵩山派却严令禁止，对抗的结局是刘正风与挚友同赴黄泉。

艺术来源于人生，日常的人际交往又何尝不是另一种江湖，浸染在大环境中的我们想要不沾染上外界的半点江湖气，谈何容易？

但我们身边一定有这样的人，纵然周围喧闹不堪，他们都能处之泰然，用自己的方式度过人生，用自己的方式解读人生。

处江湖而远江湖，考验的是我们的初心。置身炼狱常怀光明，置身混沌永保清醒，能随时把握初心的人，也有随时掌握人生的能力。

•••

我曾被一段话惊艳到：

我始终相信，走过平湖烟雨、岁月山河，那些历经劫难、尝尽百味的人会更加生动而干净。

知世故而不世故，是因为见过人心险恶，却仍愿意相信，世间百般滋味为甜最多；处江湖而远江湖，是因为尝过人间心酸，却仍懂得感恩，人生千般磨难只为更好。

做一个成年人很简单，做一个置身江湖、世故的成年人也不算难事，而最难得的成熟，是做一个知世故而不世故，处江湖而远江湖的人。

存在感，是你给自己最好的礼物

自古以来的中国哲学通常更偏好"韬光养晦、避其锋芒"的内敛，而那些喜欢在人群中冒尖的人，通常都会被贬为"心浮气躁、锋芒毕露"，甚至得到"枪打出头鸟""木秀于林，风必摧之"的警示。

所以在日常生活中"刷存在感"变成了可耻的事情，在沉默中耕耘变成了被赞颂的品质。但我们不得不承认的是，那些在人群中存在感很强的人，通常混得不差。因为在常人看来畏之如虎、嗤之以鼻的"刷存在感"，已经为他们带来了实质性的好处。

哗众取宠的存在感不要也罢，但如果你连为自己的人生刷一波存在感的勇气也没有的话，这样的人生必将黯淡不少。懂得如何刷存在感，就是你给自己最好的礼物。

•

刚毕业那会儿，我进入了一家民营服装企业，负责指导我的前辈是位沉默寡言的大叔。用公司其他人的话来说，大叔不是一般人。刚进公司没多久就晋升为生产科长，虽然平时从来不主动提交业务进度表，但每次问及他手头的业务时，他都说在按照计划设定如期进行。

虽然传得神乎其神，但一开始我对大叔的好感为零，毕竟每次去供应商那边的时候，我看到的都是大叔抽烟、喝酒、侃大山的样子，这样的人能当上科长实在是让人费解。

每到年尾，每个人都在为多发点年终奖而绞尽脑汁写年度报告的时候，大叔继续延续着他平日吊儿郎当的风格，嘲笑其他人一年到头只在写年终总结的时候认真一回。

大家在工资上调系数的会议上争得面红耳赤时，大叔从来不发言；大家在歇斯底里地疯狂加班加点的赶工中，大叔向来缺席。但就是这样一位佛系的职场"老油条"，却总能在每年的年底考核中拿到让别人眼红的奖金。我一直觉得他是"上头有人"，直到一件事情的发生才让我第一次认识到大叔的过人之处。

本地工厂的工人费用过高，公司不得已将加工厂选在了外省，而到了年底出货高峰期的时候，远在天边的工厂却突然没了消息，数百万的订单无法按时交货，砸进去的面料费用也难以回笼，一个十有八九血本无归的订单成了烫手山芋。

就在所有人面面相觑的时候，从来没有存在感的大叔却主动请缨去实地考察，并在外省工厂驻点两个月。最终让大部分订单如期交货，公司免去了大额赔偿，声誉也得以保全。

当所有人以大叔为榜样的时候，那个玩世不恭的中年男人形象又油腻腻地回来了，他又重新回到了人群里，在不起眼的角落继续着他的桀骜不驯，但却再也没有人敢轻视他的能力，更没有人对他的工资不满了。

真正的刷存在感，不是无论用什么手段也要留在聚光灯下，而是在某个不经意的时刻，用一种闪亮登场的方式，出现在所有人面前，不是为了刷存在感，而是为了急人所难。

··

你不得不承认的是，在人群中有存在感的人通常成功的概率更高，因为他们有足够的曝光率，也自然能更简单地接触到别人没有的资源。

刚进大学的时候，对那些开学第一课就主动申请担任班干的同学们有种说不上来的轻视感。自己内心并不抵触，但能真正把手举起来的人却少之又少。

韬光养晦似乎更适合当下人的生活状态，但韬光养晦的目的是获得更好的发展，可如果不韬光养晦就能让你快速获得资源的话，为什么不选择这条捷径，反而要走弯路呢？

转眼到大学毕业找工作的时候，看着积极主动的同学拿出荣誉证书、实习证明等各种用来佐证自己能力强的材料时，绝大多数人都会后悔曾经的腼腆和害羞。

在这个佛系成为日常的当下，依靠自己的能力去获得属于自己的东西，少走一些弯路，并为未来的学习、工作赢得助力，这样的行为非但不应该被嘲笑，相反值得所有人效仿。

周洋是我朋友圈中比较成功的自媒体从业者，从刚开始接触写作起，他就活跃于各平台的官方群中，只为了结交更多的同业者，而包括我在内的一部分作者曾对他主动搭讪的行为不敢苟同，更用所谓的"文人风骨"来讥笑周洋的自甘堕落。

但就在我们没有任何行动的时候，周洋已经在潜移默化中实现了弯道超车。因为知道平台的最新动态，周洋早早就开始为自己布局，从深耕一个平台，到多个平台全面开花，周洋用了一年的时间完成了华丽逆袭。

当我们看到新的利好政策，却因为某项硬核指标不达标而懊恼的时候，周洋早已将自己的作品通过绿色通道发送给了官方。

如今的社会竞争激烈，"酒香不怕巷子深"的理论大体上已经不适用了。对于那些真正有实力的人来说，长时间的曝光会让他们不必经历漫长的等待，就可以迅速对接到他们想要的资源，这样的存在感当然要刷，这也是给自己人生最好的礼物。

•••

华为总裁任正非在接受记者采访的时候说："只有不要脸的人，才会成为成功的人。"绝大多数人将刷存在感视为洪水猛兽的原因，正是因为在他们看来，面子更重要。但为了面子，我们所牺牲的，可能是整个人生的可能性。

这世上努力的人很多，但成功的人很少，因为成功需要机遇。而要想获得机遇，首先要做的，是让更多人认识你。当你认识的人越多，难免就会有人对你吹毛求疵，对于这样生命里的非善意的过客，你要做的不是纠缠，而是忽视。

记住你的目标，用自己的实力做后盾，去创造属于你自己的存在感。

精致小情趣，是对女人最好的评价

　　曾听年迈的姥姥说，在老上海十里洋场的车水马龙中，每到夏天都会有姑娘穿着浅蓝碎花的裙子，左手挎着用白绢布遮盖的竹篮，右手拿着两朵洁白清雅的玉兰花，用清脆的嗓音叫卖。

　　那样的年代里，名流太太们到了酷热的盛夏时分，都会穿着称体优雅的旗袍，并在胸前别一朵白玉兰花，在拥乱的人群中款款而行。

　　寻常人家的姑娘，即便是没有旗袍，也会戴着一朵芬芳的白玉兰或者栀子花。乱世中的上海，这些柔弱的女人用精致的打扮和积极的生活态度，抵抗着敌人肆虐的战火。

　　即便是数十年后的今天，姥姥已经搬离上海远嫁他乡，到了蝉鸣时候，她仍然会寻来白玉兰花，用心地别在自己的胸前，然后迈着她的小脚，蹒跚在田间阡陌。

一丝不苟的银发，整洁干净的青衣，光滑笔直的竹杖。

姥姥用她一生的故事告诉我：保持精致小情趣，是对女人最好的评价。

·

和许久未见的朋友白璐偶然在故乡小镇的街头遇见时，我都不敢相信自己的眼睛：眼前的白璐真的是印象中那个扎着马尾辫，穿着朴素衣裳的姑娘吗？

毕业后的白璐去了上海，除去房租只剩下三四千的她，经常会在朋友圈里晒自己又买了高档化妆品，又换了新潮的发型。

"化妆品能让我活得精致，新发型能让我的生活充满情趣。凡人是不知道我们仙女的生活方式的。"

白璐在朋友圈里这样写道。

可明眼人都知道她在打扮上的花费已经大大超出了她的工资水平。如果不是她年关时跟我们这帮老同学开口借钱的话，我也不知道她完美打扮的背后，是无以复加的财政赤字。

三四千的工资却活出了三四万的生活水平，说的就是像白璐这样的人。在被多个同学提醒不要借钱给白璐后，我也婉拒了白璐的请求。

原本挎着品牌包，画着精致妆容，一副岁月静好的白璐突然变了个人，爆出了一连串熟练的脏话，扬言自己瞎了眼才会把我当朋友。

而在我的印象中，毕业后白璐就只活在我的朋友圈里，从来没有联系过，连点赞之交都不是。白璐临走前的一句话却让我想起了姥姥。

"一个女人不懂精致，整天活得像个黄脸婆，那你攒下来的钱就等着孤独终老用吧。"

我从来都不认为女人不应该花钱在化妆品上，事实上我每天也会早起给自己画一个淡妆，也会在晚上睡觉前给肌肤补水保湿去角质，用的是攒了许久的钱才买下来的神仙水套装。

但"精致小情趣"这五个字绝对不该局限在完美的妆容上，如果精致小情趣意味着入不敷出的话，那一定不是精致而是弱智。

在自己现有的生活状态下拥有精致小情趣，这才是一个成功女人该做的事情。

精致小情趣是一种生活态度，更是夫妻维持新鲜感的重要保证。

　　很多女人在完成妻子身份的转变后，便不再打扮自己，而是全身心地投入到相夫教子的角色中去。这样的女人确实很伟大，但也确实很傻。

　　跟女人不同的是，男人是一种视觉动物，没有男人喜欢自己的老婆整天跟个黄脸婆一样，皮肤粗糙、头发油腻，边煮饭边为了柴米油盐酱醋茶而絮絮叨叨。

　　当新婚的激情被生活琐事取代的时候，争吵会越来越多，男人抱怨女人不如从前那样可爱迷人，女人抱怨男人没有曾经那么爱自己。

　　说到底，还是女人丢了那个曾经拥有精致小情趣的自己。

　　嫂子嫁过来后不久便适应了妻子的身份，放弃了精致的妆容和每年一次的旅游。用她的话来说，省下来的钱可以给自己未出世的孩子买好几罐奶粉。可事实证明，嫂子的生活质量直线下降，而那些省下来的钱却在日常生活中被用掉了。

　　越是这样，嫂子越是觉得自己需要攒钱，她开始放弃买衣服，永远穿着被洗得变形褪色的T恤，为了蝇头小利和哥哥争论不休。

从以前身材玲珑，俏皮可爱的女友，到眼前身材臃肿、啰唆麻烦的老婆，难以忍受的哥哥终于决定打发嫂子出去旅游几天，然后又给她报了花艺班和瑜伽班，让嫂子每天下班后的时间都变得忙忙碌碌。

当嫂子看到报名费没法退后，只能硬着头皮去学习插画和瑜伽了。

其实很多女人内心都住着一个精致女孩，她们也渴望拥有曾经的玲珑身材，如果给她们机会的话，她们也愿意花时间去改变。虽然花了钱，但哥哥落了个清净，嫂子每晚回家后都能看到哥哥笨拙地在厨房里做晚饭。虽然嘴上说饭难吃，但是嫂子脸上的笑容是遮掩不住的。

生活是两个人的相互扶持，而不是一个人的放弃所有。

久而久之，嫂子肚子上的赘肉渐渐消失，每天晚上都会带着自己的花艺作品回来，并会得到哥哥的赞美。哥哥现在会做两个拿手菜，更重要的是，他明白了柴米油盐酱醋茶背后的心酸。

现在的两个人仿佛又回到结婚前的热恋时期，嫂子觉得哥哥特别能理解自己，而哥哥则觉得嫂子特别漂亮，热衷于带着嫂子去他那帮朋友面前炫耀一番。

"看，这是你们嫂子！"

从爱情到婚姻的转变中，两个人注定要放弃很多，但这并不代表全然否定自己过去的生活方式。婚姻的本质是两个人可以生活得更好，而不是为了生活里的鸡毛蒜皮而相互争吵。

不得不承认的是，男人活得比较糙，对生活情趣也缺乏敏感度，这种时候就需要拥有精致小情趣的女人让一成不变的生活变得多些乐趣。

●●●

很多女人都说没钱让自己拥有精致小情趣，光是生活就已经让自己喘不过气来。但亲爱的，精致小情趣从来就不是钱换来的，那是一种生活方式，一种生活心态。

精致小情趣不是花艺课、瑜伽课，更不是迪奥、香奈儿、神仙水。

没钱买花的话，那就把房间收拾得干净点；没钱上瑜伽课的话，那就吃完饭和老公出去散散步；没钱买高档化妆品的话，那就按时洗头，至少不要让自己看上去像个没人爱的怨妇。

姥姥已经是满头银发，布满皱纹的脸上长满了老年斑，但她的身上从来就没有所谓的老人味。她的头上别着已经褪成金属颜色的发夹，她的腕上带着淡红色毫无装饰的皮筋，但姥姥始终都是一个拥有精致小情趣的女人。

姥姥的精致小情趣，在她春天时候做出来的青团上，在她夏天时候胸口别着的白玉兰上，在她秋天时候搜集桂花做出来的香囊上，在她冬天时候插在房间破瓷瓶中的蜡梅上。

有一句诗写得很好：

白发戴花君莫笑，岁月从不败美人。

做一个拥有精致小情趣的女人，才能从容面对一个人的生活，也能更好地经营两个人的婚姻。

希望有个房子，楼下是烧烤摊，对面是菜市场

有段时间我总是失眠，经常在快要入睡时突然惊醒，然后瞪着眼睛，对着漆黑一片的房间，直到天亮。看了心理医生后，被诊断为轻度抑郁，医生劝我凡事看开点，不要总是那么不开心。

村上春树在《且听风吟》中说：

心情抑郁的人只能做抑郁的梦，要是更加抑郁，连梦都不做的。

我确实不做梦了，因为我几乎失去了睡眠。

后来因为公司搬迁，临时把员工宿舍搬到了一个老小区。那个时候，我的抑郁症已经严重到不得不靠吃药来维持，但没想到，来这儿的第一晚，我睡了一年来第一个整觉。

·

　　小区附近一带都是早期城市化的产物，公共设施破旧不堪，有年代感的建筑搭建着错乱不堪的电线网，很有新中国成立初的味道。楼下是联排的烧烤摊，占据了本就狭窄的人行道，街对面是个很大又破旧的菜市场，有不少商贩沿着菜市场的入口一字排开。

　　我到这里的时候是早上五点钟，这座城市的其他地方还未苏醒，但小区附近却已经堵得水泄不通了。

　　喧闹的人群让我瞬间有置身庙会的感觉，不少老年人拎着塑料袋和竹篮穿梭在叫卖的商贩之间，货比三家，再揪住其中一个疯狂砍价，明明只是两毛钱的差异，却被这帮老人家演绎成了商场博弈。

　　我是个极不喜欢吵闹的人，即便是待在房间里，都会把门窗紧闭，睡觉时要带上眼罩和耳塞，保证自己在最安静的状态下入睡。但当我在喧闹的商贩中间跻身而过的时候，我的心却感受到了久违的快乐。

　　安顿好自己后，我开始循着内心的呼唤，朝那座破旧的菜市场走去。我想知道，到底是什么东西正不断勾动我的内心？

　　商贩的路边摊已经排到了小区入口，从现下的时令蔬菜，到河鲜海鲜，再到便宜衣物，最后是家居小物件。整座菜市场就像是一个小俗世，你可以在这里找到日常所需的所有东西，只要进来了，就没有理由，更没有办法空手而回。

当我转了一圈出来后，我的手上多了一只小乌龟，和一个并不配套的玻璃缸，包里还有商贩送的两颗芦荟和一把大蒜。用商贩的话来说："一个人住，更要有点生气，买个王八陪陪你，再送你两颗芦荟，绿色养眼。"

看着根部还沾着土的芦荟，我苦笑着又扭头买了个花盆……

得抑郁症一年多来，买花盆是我第一次主动想要做的事，而当我晃晃悠悠走出菜市场的时候，我突然意识到吸引我的到底是什么。

它长久以来藏在我的体内，从来没有机会宣泄出来。而这一次，喧闹的菜市场终于把它唤醒了——烟火气，世俗的烟火气。

上大学的时候，读过这样一句话：

但凡是生活在人间，每个人都会有烟火气，也正是因为有烟有火，才会有诗情画意。

诗情画意的人生就像是五彩斑斓的画，而抑郁者的人生只有黑白两色，到处都透着朽败的气息。

为了更快地找回我失去的烟火气，我特意没有像以往一样把自己关在房间里，而是找了一家早餐店，坐在油腻腻的餐桌旁，点了一碗我从来没有尝试过的咸豆腐脑。

　　早餐店里的客人不算少，热闹的程度完全不亚于不远处的菜市场。白发苍苍的老人家正在小心翼翼地喂得了帕金森病，浑身颤抖的老伴喝粥；眼泪汪汪的小学生一边吃包子，一边被妈妈训斥着补写作业；而店主则站在蒸气缭绕的笼屉边上，和旁边十元店的老板吹牛。

　　人声鼎沸，喧闹不休，这是世俗的滋味，也是人间烟火的滋味，平庸到了极致，却也让人无比踏实。

　　"别哭了，妈妈向你道歉，只要你不哭，妈妈晚上就带你来吃烧烤。"年轻的妈妈话音刚落，刚刚还扯着嗓子号啕不止的孩子顿时破涕为笑。

..

　　以往的我无比讨厌黑夜，因为当我置身四下无人的一片黑暗中，我经常会胡思乱想，就像是在悬崖边上走高跷，永远在试探悬崖的边缘。

　　而这是我第一次期待黑夜的到来，我想看看那个烟火缭绕的烧烤摊，看看络绎不绝的人，听听脂肪和烈火相遇后发出的呲啦声响。

这一天的时间不似以往过得漫长，很快夜幕将至，华灯初上，联排的烧烤摊还未出摊，却已经吸引来了不少食客，所有人都坐在简陋的棚子里，侃天说地。像是约好的一样，几乎在同时，几个烧烤摊摊主相继出摊，一瞬间周围被烟熏火燎和百味融合所占据。

白天紧张的学习和繁重的工作到此为止，属于自由灵魂的夜生活才刚刚拉开序幕。

我一向不吃烧烤，因为深知在癌症发生率越来越高的社会中，烧烤是医学严令的致癌物质。但这一次，我忍不住点了几串烤牛油，烈火烧灼下的牛油外表金黄，表面的油腻被炭火煨成最好的壳，封住了其中肥而不腻的牛油。只要入口轻轻一咬，属于牛油的风味就会瞬间溢满唇齿之间，让人留恋。

古龙说"有人的地方就有江湖"。其实所有的江湖，归根结底就是三个字——烟火气。

突然想起去年在北京出差，有一处偏僻巷落深处的烧烤摊，食客不绝。狭窄的巷子里开不进汽车，所以那座巷子外停了不少车，其中不乏一些豪车。

西装革履也好，青春张扬也罢，老态龙钟也行，所有人到了这里都是一个方方的小凳，四个人凑在一张油腻的食桌旁。刚刚还素不相识，在各自的阶层里称王称霸，此刻已经因为在烧烤摊萍水相逢而互诉衷肠。

所有的隔阂都在烧烤带来的烟火气中荡然无存，所有的阶层也顷刻间因为彼此的口味相同而化为乌有。

在烧烤摊挥汗如雨、大快朵颐的人们，此刻都忘了何为贫富，他们只知道，眼前这人是我今夜的伙伴。

置身在烟火弥散之中，所有人都心照不宣地忘记了医生的叮嘱，每个人都知道，若没了烟火气，人生就是一段孤独的路程。而过了此夜的畅快淋漓，大家都将重新戴上面具，穿上伪装，回到那个庸庸碌碌的生活中去。所以与其说是吃烧烤，不如说是为疲惫的灵魂找一处烟火弥散的地方，暂时安歇。

夜已深，食客却仍然没有散去，相反，一些刚刚加班归来的人们也加入了这场狂欢。而我已酒足饭饱，心满意足地回到房间，那一夜，所有的窗都没有关，远处灯火辉煌的新城区时不时传来汽车鸣笛的声响，近处绿植繁茂的小区里有夏虫沙沙的鸣叫。

所有的喧嚣，都成了最好的催眠曲，然后一夜无梦。

···

第二天去上班的路上，从小区里穿过的时候，我看到阳光明媚，从树荫的罅隙里流泻下来，落在那些趁着日头好被抱出来晒的被子上，空气里都能闻到棉絮的气息。

那一瞬间，我明白自己彻底活过来了，因为骨子里的烟火气正在迅速撑满我体内的每一个细胞。

突然好想拥有一个属于自己的房子，对街是老旧的菜市场，楼下是联排的烧烤摊。关上窗可以隐约听到外面的喧嚣，打开门可以瞬间拥抱世俗的烟火。

其实，每个人心里都揣着一个烟火江湖。如果累了，那就放过自己，重回世俗最深处，痛快一场。

痛快过后，你会发现，人生实苦，但从无绝路。

Part 4

那些成功者，都活
成了一个人的千军万马

别想太多，做了再说

美国的西点军校有这样一个传统：当遇到军官问话时，士兵只有以下四种回答，除此以外什么都不可以说。

第一：报告军官，是。

第二：报告军官，不是。

第三：报告军官，不知道。

第四：报告军官，没有借口。

作为美国顶级的军校，西点军校建校两百多年以来，已经培养出了3位总统，5位五星上将，3700多位将军。更让人惊叹的是，西点军校的教育不仅培养军事人才，从西点军校走出去的商业人才也比比皆是，如可口可乐公司总裁罗伯特·伍德鲁夫、宝洁 CEO 麦克·唐纳德、美国东方航空总裁法兰克·波曼等等。

西点军校贯彻给每一个学生的理念是：不要找任何借口。文学泰斗杨绛先生也曾在给一位年轻读者的回信中，针对他的困惑给出了症结所在：你最大的问题在于读书不多而想得太多。

因为找借口和想太多，当代越来越多的年轻人都到了拖延症晚期。绝大多数的年轻人在不断抱怨的过程中，把别人的成功归结为运气好，而将自己的碌碌无为当成时候未到。

那么，大部分白手起家，走向成功的人真的只是运气好吗？

·

当一个人成功后，网上会出现大量关于成功者的名言，但是绝大多数的名人名言都是好事者的杜撰，并不可信。要想知道那些白手起家的成功者们到底身上具备怎样的特质，最好的方法就是看他们尚未取得如此成就的时候。

现在正是电商行业快速崛起的时代，而提到电商行业的领军人物，首先就会想到马云和刘强东。

马云尚未创业时，只是杭州一位普通教师；而刘强东的出身就更不用说了，他来自苏北的贫穷乡村。

很幸运的是，网上有马云和刘强东初创业时接受采访的视频。那时候的马云还不是那个后悔创立阿里巴巴的马云，刘强东也不是那个"不知妻美"的京东董事长。

画质粗糙的视频里，一无所有的马云全凭心中一股信念支撑自己创业。那时的马云没有西装革履，而是在被人拒绝后，仍然手舞足蹈地在所有人面前讲述着自己的理念和蓝图。最艰难的时候，马云被人当成是传销，一天到晚正事不做，而是神经兮兮地讲着谁也听不懂的事。

刘强东的创业也同样是一波三折，如今早已是商业巨擘的刘强东在接受采访时，说出了自己额头前白发背后的故事。很多人以为那是他特意挑染的，但事实上那是在2008年京东面临资金链断流时，刘强东整宿整宿睡不着觉急出来的。

可无论是马云还是刘强东，他们的成功都是依靠比常人更强的执行力获得的，执行力是一个成功者时刻都应当具备的能力。

当京东和阿里巴巴不断开拓新渠道，打开新市场的时候，当当网却在创始人之间的内耗中举步维艰。和当当网的落寞有着同样境遇的，还有号称零售店龙头的大润发。3月22日，大润发被阿里巴巴收购，大润发高层集体走人。

这个社会从来都不缺机遇，缺的是敢于抓住机遇的人。

而一开始抓住机遇的人，也不代表他就能永远保持成功的地位，永不动摇。

••

顾虑太多，不能及时调整战略，是老牌大企业的通病；同样，想太多，缺乏行动力，也是大部分平庸者的通病。

事实上，如果在做一个决定时，考虑到方方面面的情况，反而会让自己困扰，因为从来就没有一个决定可以兼顾到各方，而且更可怕的是，在考虑的过程中你反而会失去动力，甚至找到了自我说服的理由。

其实，不这么做也没关系……

其实，我觉得现在这样也挺好的……

很多人的决定全凭刚开始的热情与冲动，而一旦这样的感觉消失后，那原本已经抓在手上的机遇很有可能就此消失。

表哥临毕业时，表姑决定付首付为他置办一个婚房，可周围的亲戚朋友都以表哥工作未定为由，劝说表姑不要这么冲动买房子。

"这可是大事啊！万一买的房子离工作地远，那不是亏了？"

就是在这样的劝说中，原本就有些动摇的表姑最终打消了买房的念头。最后的结果是表哥的工作定了下来，而房价疯涨已经让表姑拿不出首付钱了。更讽刺的是，表哥的工作地与当初看中的楼盘之间，只不过 6 个公交站的距离。

身边像表姑这样的人有很多，而同样咬咬牙买房子，因房价上涨而获利的人也有很多。

只是一个念头的改变，或者说多个念头的碰撞，原本买得起的房子已经让人高攀不起了。

•••

其实很多时候，你想太多时所设想的那些情境，并不难以解决。

买的房子就算不在工作地旁边又怎么样呢？现在交通这么发达，倒一倒公交不也很方便吗？如果有条件，开车不就好了吗？

为什么犯一次错就觉得自己已经彻底没救了？你需要做的不是自怨自艾，而是迅速用另一个成功来向所有人证明你的能力！

为什么对象稍微对你有点冷淡，你就觉得他在外面"有人"

了？你要做的不是把以前陈芝麻烂谷子的事拿出来再说一遍，而是赶到他的身边，明确地告诉他，你爱他，并将一如既往珍惜这份爱。

在知乎上有一个提问：爱思考和想太多的区别在哪里？

有个回答很好：爱思考是有目的性的思考，而想太多是天马行空，朝着你希望的方向去思考。

在做决定前，特别是那些足够影响人生轨迹的决定前，考虑周全才能做出一个正确的决定，但考虑周全不代表你可以胡思乱想。思考的目的是让自己迅速地做出正确的决定，而不是让你在思考的过程中变成一个拖延症和妄想狂。

人生就是无数个决定的综合体，在做每一个决定前，一定要思考，但是别想太多，做了再说。

你只管努力，那是奇迹的另一个名字

因为写作公开课的缘故，不少新朋友私信我，一时之间让我原来略显冷清的朋友圈增添了不少新成员。

从 2017 年千字 10 元的小说，到如今签了三个出版合同，拿到了头条签约等等，我花了两年的时间，完成了在别人眼中看似华丽的逆袭。很多人都说，你这么成功肯定是因为你有天赋吧。但他们不知道的是，我曾经彻夜努力改稿，只是为了想赚一篇 50 块钱的稿费而已。

那时候想着如果一个月能靠码字赚 1000 元钱的额外收入，就足够幸福了。但一路坎坷走来，稿费收入也渐渐地从原来的 1000 元钱，到如今获得一定程度上的财务自由，这期间所经历的苦与痛，都不足为外人道也。

很多人都想问，怎么样才能快速月收入过万？或者说，怎么样才能迅速获得成功？

每当面对这样的问题时，我都不知道该怎么回答。不是我不愿意回答，而是我根本不知道该怎么回答。

如果一定要送各位两句话，我想，第一句话应该是：你一定要努力，千万别着急；第二句话就是：你只管努力，那是奇迹的另一个名字。

·

时间倒回到2017年4月，那时候我正在一家服装外贸公司做业务助理。

每天加班，没有固定的上下班时间，没有固定的休息时间，只是一味地加班，工资到手2700元，住在一个近乎毛坯房的员工宿舍里，和6个人挤在一起。

那时候我唯一想的，是如何努力工作，然后在均价2万的城市里，买一套属于自己的房子。但就是在这非常枯燥、没有方向的工作中，属于年轻人的无力感越来越明显。

领导永远在灌"鸡汤"，然后只给你够温饱的工资；客户永远带着颐指气使的态度，让你一遍又一遍地改方案。

所以我逐渐意识到在这个多元的社会里，让自己在本职工作之外，有一个兴趣爱好，并通过它赚一点小钱，为自己之后的人生留一条选择，应该是明智之举。

内心一旦有了这样的想法就要去做，否则的话，99% 也许可以给你带来成功的想法，只会停留在想法的层面上；而当那一瞬间的激情褪去，你又会恢复到那个安于现状的"废柴"。

对现有生活状态做出新的改变的代价就是，你必须要比别人付出更多的精力，必须要在别人沉迷于游戏的时候埋着头，不停地朝你想要的方向去努力。

在那之后，我每天下班回来就会窝在宿舍里，在别人追剧打游戏的时候，默默写着又臭又长的文章，拿着微不足道的稿费。

我记得当时跟我住在同一个房间里的朋友，曾戏谑地跟我说："要不以后别吃晚饭了，就当是赚千字 10 元的稿费吧。"

··

在你还没成功的时候，没有人会看好你，绝大多数人能做到不闻不问，就已经是最好的状态了，最怕的就是，在你找不到方向的时候，还有人在一旁嘲讽你，劝你放弃。

在那不久，我就搬出了宿舍，开始了漫长的码字生活。

其实一开始码字并不顺利，因为自己在写作上存在太多不足，所以写一篇 3000 字的文章，等于要我的命。更要命的是，很多文章投出去后就石沉大海，这样的心理打击更让人难以接受。

但就像我之前说得那样：你只管努力，那是奇迹的另一个名字。

渐渐的不知道从什么时候开始：我的改稿率越来越低，很多稿子都是一遍通过；后来，不少大号开始主动约稿；我被邀请进驻平台，打造属于自己的账号；出版社看到我的文章后主动联系我，希望可以出版。

从寂寂无名到后来有人主动邀请，大概是一年半的时间。在这段时间里，我的收入也从最开始千字 10 元到后来一篇文章 1000 元、1500 元……

在这之中，我也认识了很多优秀的朋友，他们绝大多数人都跟我有类似的经历。他们已经成了业内小有名气的，甚至大有名气的作者，绝大多数人都已经实现财务自由了，他们可以放弃冗长、回报率低的工作，每天自由支配时间，去做任何自己想要做的事情。

这世上最幸福的事情莫过于，你的兴趣爱好可以支撑你的生活，而码字这项事业也渐渐地，比我的主业赚钱更多。我开始过上让不少人羡慕的生活，一个普通家庭出来的"95后"，拿着还算不错的月收入，空白的感情生活，也会因为一个非常优秀的姑娘的出现而变得完美。

生活远没有你想象中那么一帆风顺。如果你让我重新回到2017年，如果我没有一想到要码字就咬着牙去做的话，我想我现在可能还是那个月入3000元钱的普通人，每天就这么毫无目标地、机械性地去做自己不喜欢的工作。

···

没有人会在刚进入一个新领域的时候，就顺风顺水。我遇到过骗稿，也遇到过修改无数遍仍然被退回的经历，但这一切苦难都成就了如今的我。

当你站得越高的时候，你会发现，赚钱的机会越多，自己遇到的优秀的人越多；站得越高，你也越会发现自己的不足，越想要努力去改变。当人生的状态进入一个正向循环的时候，你就变成了别人眼中的奇迹。

如果在一开始接受批评就选择放弃的话，更高处的风景就看不到了，如果你真的想去看的话，那么不妨先低下头来，一步一步地走过你必须要经过的路。

当你真正成功的时候，你就会发现，人生的每一步其实都算数，那些曾经的挫折也好，苦难也罢，都会成就你往后生涯的熠熠光芒。

而在成功之前，什么都不必想，你只需要咬着牙低着头，尽情地努力就够了。

人生苦短，趁着激情还在，不妨多去试试。如果努力之后仍然没有收获的话，那你也可以坦然放弃。但当你要放弃的时候，请一定要问自己：我真的努力了吗？

月入过万，是无数年轻人给自己挖的坑

前段时间跟一个刚从上海回老家工作的同学聊天，提及了上海的高工资水平和老家三线城市的低工资水平。我感慨道："在三线城市里要找到月入过万的工作，实在艰难。"

同学突然正色回答说："在上海月入过万也不是一件简单的事情。"

好多人对于上海、北京这样的大城市，认为月入过万似乎已经成了一个准入机制。但事实上，绝大多数的大学毕业生在上海，都很难迅速做到月入过万。

印象中上海的月收入过万，就等同于三线城市的月收入

3000，如果难以做到月入过万的话，大学生只怕要在上海街头讨饭了。

可是，多少大学毕业生能做到两三年间就月入过万呢？

生活就像是海市蜃楼，我们总觉得眼前风光无限，等我们真正走近的时候就会发现，迷雾之后，是一片死寂不堪的沙漠。

·

不知从什么时候开始，抨击大学生群体已经变成了一种"政治正确"。如果要给大学毕业生们画一个人物群像的话，那应当集合了胆小、懦弱、无能、"啃老"、难以温饱等诸多不良印象。

老毕灰溜溜地从北京回来的时候，特意请我吃了一顿饭，然后花了 45 分钟的时间，打消了我离开老家去北漂的念头。

老毕说："不要总觉得北京很美，在那里你会遇到很多机遇，看到很多不一样的风景。绝大多数的机遇，你就算遇到了也抓不住，绝大多数的风景，你只能做它一辈子的看客。"

我们都有一个梦想：在一座陌生的城市里不停奋斗，然后终有一日，在那座城市的万家灯火中，有一盏灯属于自己。而真正当我们去奋斗的时候才发现，有很多事情如果不亲身经历，就无法真切地感受到那股无力感。

绝大多数的应届生，在北上广深都过着自费上班的生活。

．．

没毕业的时候，我们都憧憬着自己会进一家很不错的公司，通过努力奋斗，被老板赏识，然后再一步步地规划经营，出任CEO，迎娶白富美，最后走上人生巅峰。

但事实上并非如此，绝大多数普通大学毕业的学生，都只能默默地做一个普通打工者，拿着微薄的薪资，最常见的就是通过熬日子来让自己的薪酬变高。

像马云这样普通大学毕业的成功者少之又少，如果你参加过乌镇峰会（世界互联网大会）的话，就会发现：现在国内名声大噪的公司老总们，个个都出身名牌大学。对于普通大学的毕业生来说，连月入过万都是一件十分艰难的事情。

沐沐算是我朋友圈中见过的最成功的毕业生了。大学期间，他的稿费收入就已经可以解决生活费了。毕业之后，他在工作之余写稿子，月收入大概在 8000 元左右。

很多人都说你再努力努力，很快就会月入过万了。

但是每到这个时候，沐沐就一脸苦笑："你不知道我花了多大的力气才做到月入 8000 元，剩下的 2000 元我已经无能为力了。"

每个人都没有朋友圈里看上去那么光鲜，在老家这样的三线城市里，月入 8000 元已经是绝大多数劳动者此生薪资的终点了。而沐沐不过刚毕业一年，可是其中付出的汗水又有几个人知道呢？在别人刷手机来打发时间的时候，沐沐强忍着腰酸，在电脑前不停码字。

一次次改稿，一次次拒绝，几次三番想放弃，但最终他还是选择了坚持。沐沐说："想过上什么样的生活，就需要付出什么样的代价。"

从脱掉学士服的那一刻开始，就注定了社会的风雨需要我们一个人去承受。月入 3000 也好，月入过万也罢，社会的风雨不会因此而消减半分，只会用愈来愈猛的狂风骤雨来迎接我们。

•••

知乎上有人问：如何才能通过兼职变成月入过万的"斜杠青年"？

很多所谓的成功者在下面给出了意见，但其实提问的人并不想付出代价。他们想要的是用最简单的方法，来得到最大的收益，最好不付出代价！可是这可能吗？月入过万就像是魔咒一样，遏制着每一个刚从大学毕业的年轻人，催促他们不断奋进。

可是在努力的过程中，他们渐渐变得麻木，每天枯燥的工作内容，定点上下班的生活作息，都正在一点一点限制他们的梦想。

从最开始的月收入过万，到后来的月收入 8000 元，再到后来的足够温饱，到最终的混沌度日。只需要两三年的功夫，月入过万的梦想就会渐渐消失，而我们也成功地从一个干劲十足的年轻人，过渡成一个混日子的社会人。

在高速发展的现代社会里，越来越多的年轻人陷入了一夜暴富的幻想之中。与此同时，早早站在食物链顶端的人们开始制造规则。大家一定看过这样的文章，或者是课程内容：

十节课教你月入过万。

20 天出版一本书。

如何才能成为一个月入过万的"斜杠青年"？

为什么几乎所有的课程都在强调"月入过万"这四个字，因为月入过万是大多数的年轻人一直幻想，却始终也达不到的目标。

可你不知道的是，那些教你月入过万的课程老师，很有可能拿着 5000 元的工资。当然，如果他们课程卖得很好的话，也许可以月入过万。

可你不知道的是，月入过万的"斜杠青年"的辛苦，不是你能够忍受的。他们在深夜码字，在深夜学习。他们在一点一点充实自我，而你却在一点一点浪费自我。

相信我，这个世界上从来都没有什么迅速月入过万的方法。

••••

所有的成功，都只不过是厚积薄发。

人生的每一条路都不是弯路，你所遇到的每一个人都是贵人。

你遇到过渣男，但他教会了你在恋爱中也要保持自我；

你遇到过骗子，但他教会了你如何在成人世界里生活；

你曾因为兴趣学过某件乐器，虽然后来放弃了，但却在某次公司迎新会上，弹奏了你最擅长的歌，惊艳一片……

没有方法可以迅速月入过万，但有很多种方法能让你心安。

在成功来临之前，你只需要用心走好脚下的路。

不要想太多，命运会给你所有你应得的东西。

真正的人生自由，从控制自己的闲余时间开始

　　每当在朋友圈中晒自己码字的成绩时，评论区都会有好友表示羡慕，更有人会问码字赚钱的快捷方法。这样的人通常都会在我说起自己坚持码字两年却没有半点收获的时候，打个哈哈不再继续问下去。

　　罗素说："支配人不断奋发向上的，是他们无处安放的勃勃雄心。"在还没有依靠码字赚得一些零花钱的时候，我总是在想该如何靠码字赚到人生的第一桶金，而当我真正成功的时候，我的朋友圈中也渐渐多了一些更优秀的人。

　　我渐渐发现，所谓的成功只是一时的，你每达到一个大目标都只不过是此刻人生阶段的一个小目标而已。而那些我们看

起来遥不可及的成功者，其实没有一时一刻停歇过，他们的人生自由，都是从控制自己的闲余时间开始的。

·

因为码字的缘故，我经常会接触到出版传媒行业的工作者。

去年为了完成一篇人物专访，有幸跟本地传媒行业的一位大前辈做了深度交流。在提及社会更新换代的速度不断加快的时候，前辈突然感慨了一句："我现在是越来越怕你们后生了，十年前你要是告诉我纸媒有一天会式微，什么公众号、新媒体会全面占领市场，打死我也不信。"

那些我们曾以为可以安稳一辈子的工作，似乎转眼间就变成了朝不保夕的夕阳产业了。可冷静下来就会发现，每一个产业在变成夕阳产业之前，都有相当长时间的预警。更耐人寻味的是，在那么多畏惧朝不保夕的人潮中，总有那么一些人，能迅速从人群中脱颖而出，并迅速实现职业转型，实现自己的人生自由。

无论何时何地，都能实现人生自由的人，通常会被称为成功者，他们会被外界渲染成没有后顾之忧的富二代，机敏睿智的决策者，总之这些特质都是平凡人不具备的。

这是失败者的自我合理化。因为像我们这样的普通人没办法拥有这样的特质，所以我注定失败，而他们注定可以成功。

事实上真的是这样吗？不尽然。

··

曾听过这样一句话：工作之外的 8 小时，才是一个人与另一个人的根本差别。

绝大多数人的下班时间，通常是什么都不想干，什么都不愿意干。所以下班之后，"葛优躺"、打游戏、逛淘宝、追剧等成了生活常态。

至于悠闲的周末就更不必说了。白天用来补觉，晚上用来狂欢。其实抖音真的没什么好刷的，电视剧也没什么好看的，但不知道为什么，自己不到那个时间点是不可能睡觉的。

接下来的死循环就是当代青年的生活日常了：追剧—熬夜—睡懒觉—取消计划—发誓按时睡觉—追剧—熬夜……就是这样的生活死循环，让绝大多数人沦为平庸，只能在物价越来越高的当下抱怨工资太低，工作太累，人生没有目标。

可是那些人生自由的人，下班后的时间是怎么度过的呢？

接下来的故事听起来很像是卖课的文案，但我想说的是，有些人的人生就是如此励志。

2013 年刚毕业的时候，朋友刘楠还是个毕业于三本院校的大学生，用她自己的话来说，毕业就是失业。市场营销看上去是个万金油专业，但万金油的意思也就是哪儿哪儿都不行。

在蹉跎了整整两年之后，为了摆脱朝八晚五、月入 3000 元的文员工作，刘楠开始想要改变，想要和朋友圈中的人们一样，过上人生自由的生活。自由的背后，是比别人付出更多，并且在你成功之前，你甚至不知道自己能否成功。

之前有句话特别火：你只有非常努力，才能看起来毫不费力。没有人知道刘楠付出了多少努力，只知道当她递交辞呈的时候，她的微信公众号已经是粉丝接近百万的大号了。光是流量费和广告费就已经足够让刘楠在老家这座三线小城市里笑傲江湖了，更不用说她从公众号出发又衍生出的一系列自媒体矩阵了。

所有人都在感慨刘楠文笔好，却没有人知道刘楠曾经连 50 元一篇的稿子都被退回来改了无数遍；所有人都在感叹刘楠的成功，却没有人看到她三年来从未间断发文的坚持。

努力是天赋的另一个名字，坚持是成功的唯一途径。苏格拉底曾让众弟子每天都坚持挥手动作，十天之后响应者还有大半，一个月后响应者寥寥，一年后还在坚持做这一动作的只剩下了一个人——他叫柏拉图。

真正的成功，从学会控制自己的下班时间开始，要想控制自己的下班时间，就必须做到坚持。这世上幸福的事情有很多，但我想，用自己的坚持和努力，去活成你想要的样子，应该是所有人的共识。

•••

日本寿司之神小野二郎，九旬高龄仍然坚持做寿司，他曾这样解释所谓的匠人精神：一辈子只做一件事，并把这件事做到极致。

所以，如果人生太难，生活太纷繁，你没办法找到自己的方向时，不妨静下心来，从克服自己的惰性开始，学会控制自己的下班时间。

从此刻的生活模式中脱离出来一定很难，但只要你成功走出来，你会发现，人生又是另一种风景。

为什么现在的年轻男女越来越薄情

表弟刚考上大学那会儿，我特意发信息调侃他："你和那个喜欢了三年的姑娘终于可以光明正大地在一起了。"

可是没想到表弟发来信息："她没考上大学，我和她分手了。"

表弟接下来说的一段话，让我久久难以释怀。

"我当然喜欢她，我跟她分手的时候，我哭得比她还伤心，但我知道如果不和她分手的话，以后带给她的伤害会更多，两个注定不可能在一个世界里的人就不要开始了。"

我们经常听到父辈评价我们这一代年轻人，说年轻男女在处理感情的问题上既幼稚又薄情。年轻男女对每一段感情都不够投入，在结束一段感情的时候又显得非常仓促。总而言之，父辈对现在年轻人的看法，总体上就是两个字——薄情。

薄情真的已经变成现代男女的感情常态了吗？

·

前段时间回老家的时候，听闻刚上二年级的小侄子给同桌的女生写情书，被老师抓包了，情书上歪歪扭扭地写了一句话：

我喜欢你，你不喜欢我也没关系，反正我喜欢你。

长辈们都将情书当作是一个笑话，但事实上这折射出了一个现象：现在的孩子思想越来越成熟了。最可笑的是，父辈还在用他们落后的认知观念去了解年轻人，把青年男女在面对感情时所做出来的反应，认定为幼稚和薄情。

但事实上年轻人比父辈考虑得要更多，正是在成熟地思考后他们才做出这样的决定。

现在的年轻群体中都有这样一种心态：谈恋爱是一个极度消耗时间和精力的事情，如果没有十足的把握让这场恋爱从一而终的话，那么宁可不谈。

正是基于这样的心态，很多年轻人宁可选择单身，也不愿意将就。因为他们知道，相较单身而言，和一个错误的人在一起更可怕。

和传统观念不一样的是，当代的青年男女更崇尚独身主义，即便是自己一个人也能把生活过得红红火火。

一个人有一个人的活法，不需要悲天悯人，不接受区别对待。

..

小说《何以笙箫默》中有这样一句话：

如果世界上曾经有那个人出现过，其他人都会变成将就，而我不愿意将就。

这本爱情小说塑造了一个完美男人的形象——何以琛。

在女主角赵默笙因为家庭变故，离开中国前往美国后，何以琛在完全得不到对方音讯的情况下一直保持单身，并在赵默笙再次出现的时候和她再续前缘。

有朋友看完《何以笙箫默》后感慨了一句："这本小说塑造了一个完美的男人。可不知道为什么，当我看完这本小说的时候，不是期望未来能出现这么一个完美的男人，而是总想起我曾经爱而不得的人。"

在我们的青春记忆里，总会存在那么一个人，无论我们怎么喜欢他，他都像是炽烈的太阳一样，让我们越靠近越痛苦。

米兰·昆德拉说：

这是个流行离开的世界，而我们都不擅长告别。

年轻时候的爱无问缘由，年轻时候的离开也悄无声息。那些青春记忆里的悸动，我们往往会用各种办法压制住，然后交给时间去愈合。

可是每当我们看到美好的爱情故事，抑或是看到恩爱的情侣后，仍然会想起那个人。我们会在心里幻想，如果自己此时此刻跟那个人在一起的话会怎样呢？

就是因为有这样的念头存在，所以当我们被年龄和环境所迫，不得不去尝试接触其他对象时，当那个人身上出现些微不满足自己择偶标准的缺点时，那个已经沉寂了很久很久，以为再也不会想起的人，会再次出现在我们的脑海里。

其实我们心里也明白，那个让自己爱而不得的人身上，一定有着我们还没发现的缺点，只不过我们习惯用仰视的姿态去看着他。最终我们还是无法绕过心里的那道坎，我们不愿意将就。

有时候，年轻人哪里是薄情，他们只是被生活仓皇地分配了一个对象，然后在相处之下发现并不合拍，所以才会快刀斩乱麻地选择分手。

年轻男女之所以选择单身，不是为了去等那个永远得不到的人，而是在等时间和自己和解，在等自己可以很坦然地去接受新的对象。

···

大学时候在社团认识了一个学姐，人长得漂亮，能力也很强，追求者络绎不绝，但她始终没有谈恋爱。在我毕业后两年，有一次在街头偶遇她，她仍然是单身状态，但已经成了一个职场女强人。

当时她已经 30 岁，一个在传统观念上已经贬值的年龄。

在咖啡店里，学姐很优雅地端起一杯咖啡，然后笑眯眯地对我说："很多人都说女生过了 25 岁就开始贬值，但这只针对那些没有能力独自生活的女生而已。"

真正有能力的女生，在任何时候、任何年龄都不会贬值，相反，她们的魅力会吸引一批又一批的追求者。

我觉得学姐说这话的时候很帅。现在回想起她的话，实在是太有道理了。年轻的时候不要贪图安逸和眼前的花前月下，因为在固有的圈子里所遇到的，都是如你一般平凡的人。等你跨过圈子，完成阶层突破的时候，你遇到的人和事，会是你曾经想都不敢想的。

所以很多年轻人都秉持这样的想法：在安身立命之前不谈恋爱，没有成熟的物质基础做保证，一切的恋爱都是镜中月，水中花。

现在，越来越多的女生明白：靠天靠地靠丈夫不如靠自己。无论是恋爱关系还是婚姻关系，都不是附庸与被附庸的关系，女生只有随时保持独立的灵魂，才可以在爱情的战场上永远立于不败之地。

就像是电影《爱玛》里的台词：

我会变成一个富有的老姑娘，因为只有那些穷困潦倒的老姑娘才会被人嘲笑。

••••

所以，现在的单身男女哪里是薄情，正是因为他们足够深情，足够成熟，足够勇敢，所以才愿意坚守本心而不被世俗种种所牵绊。

他们更加快意恩仇，愿意为了一个人去等；愿意在最美好的年纪，为了自己的理想去奋斗。

比起脱单，他们有更重要的事情去做。

怎么办？我好像输不起了

在微博上看到这样一个报道：1.76 亿独生子女养老焦虑，不敢死，不敢远嫁，不敢穷，特别想赚钱，因为父母只有我。

突然感觉我们这一代人真的太窝囊了，一边想着要靠自己的力量摆脱日渐平庸的命运，在这个社会里闯出自己的一片天，一边又在即将行动的时候充满顾虑。

成功人士告诉我们不要顾及太多，大部分情况都是在胡思乱想。但真的是这样吗？事实上很多顾忌还真不是没事找事。

•

前段时间一直在筹款准备创业的老周突然把向我借的 2 万

块钱又还给了我，还钱之余，他还打趣道："很抱歉，让你失去了高级合伙人的身份。"

印象里的老周一直都是一个敢闯敢拼的人，大学四年他不知道尝试了多少方法去赚钱。大学刚毕业，和我们其他人不一样的是，他又开始了自己的创业计划。

短短几天之内，他筹集了 200 万元资金，打算到新媒体行业去闯一闯。可还没开始，这个计划就搁浅了。当我向他询问缘由的时候，他苦笑着说道："当我一张又一张地写着欠条的时候，我的手就不自觉地抖了起来。我突然意识到，如果这次失败的话，我很有可能会一无所有。但事实上一无所有并不是最可怕的事情，最可怕的是我可能会连累我已经快退休的父母，我不想让他们的晚年在追债声中度过。"

我干笑了两声，不再说什么。雄心壮志如老周，也开始和绝大多数人的人生轨迹一样，进入一家看起来不错的单位，拿着固定的工资，过着平凡人的生活。

像我们这一代人可以去闯，但很遗憾的是，我们绝大多数的人都没有东山再起的机会。

我们每一个人在社会中都不是一座孤岛，我们的身上是社会关系的总和。

我们不仅仅为自己而活，我们身上背负着家庭的命运。

我经常听到老一辈的成功者在酒后说起自己当年是如何勇敢地拒绝平庸的生活，去冒险、去闯荡，然后才获得了今日今时的社会地位。他们在得意之余，还会痛斥现在的年轻人已经失去了闯劲，不如他们当年那般愿意吃苦，敢于拼搏了。

　　真的是这样吗？

　　没有人愿意平庸地度过自己的一生，但问题在于我们是否有孤注一掷的勇气。这样的勇气不仅仅来源于我们自己，更来源于我们背后的父母。

　　这世界上有一种深情是：无论你落魄到何种地步，我都会陪在你的身边，无怨无悔。可正是这样的深情，让我们不得不在冒险的时候再三考量：成功的可能性到底有多大？一旦失败的话，我们会面临怎样的后果？这样的后果是否是我们所能接受的？

　　没有人能够在事件发生以前，将所有的因素都考虑周全，然后得出一个不可能失败的计划。

　　但问题在于，如果我们在实施的过程中陷进去了，再想回头会不会太难？

···

　　还记得毕业前的最后一个宿舍茶话会。

　　宿舍五个兄弟坐在一起，畅想着自己的未来，那时候我给自己定了一个目标：毕业三年，月薪过万。

　　但如今按部就班的现实告诉我们，曾经的目标有多遥不可及。没有人愿意过平庸的生活，可让我去创业，我真的敢吗？

　　创业不可怕，可怕的是一失败就再也爬不起来了。而且当我们到了三十而立的时候，我们身上的负担会更重。我们渐渐变成了这个家庭的顶梁柱，日渐年迈的父母，嗷嗷待哺的孩子，一个家庭所有的日常开销都落在了我们的身上。

　　我们所要做的，就是在这按部就班、不温不火的生活里，想尽办法让自己的工资再提高那么一点点，而不是再将心思放在如何创业获取更多的财富上。

····

　　当我们老去的时候，如果有一天，我们的孩子开始抱怨为什么我们没能给他提供优渥的生活环境时，我们不应该感到自责，而是应该很理智地告诉他：

"每一个人的人生都有各自的状态，梦想真的很重要，希望你无时无刻都不要忘记自己的梦想，但比梦想更重要的，是你身上所背负的责任！"

　　我们可以羡慕那些孤注一掷，最终取得成功的人，但也无须为当年自己因为输不起而放弃深深自责。

　　拼尽全力，努力工作，赚钱养家，你比任何人都伟大。

没你的关心，也许我会过得好一点

·

朋友前两天结束了长达三年的恋爱，和那个她曾赌咒发誓要在一起的男生分道扬镳。

我有点不理解她为什么突然这么决绝。她一边解释，一边回忆着曾经的美好。

"确认关系后的第一个生日，他和室友在网吧打游戏，没有陪我，只是零点在朋友圈里为我发了生日祝福，连配图的蛋糕都是盗取的。

"后来毕业开始找工作，我找了一份在郊区的工作。租房子搬家的时候，他正跟一帮哥们举行毕业狂欢派对，推说明天可以帮我搬家。第二天我将一切安顿妥当的时候，他给我打来了电话责备我的自作主张和迫不及待。

"等一切都稳定下来之后，我们两个去见家长。他妈妈在饭桌上对我百般刁难，他一言不发，又在事后打两个小时的电话来开导我，说忍一时风平浪静。"

即便是提出分手后，男生仍然细数着曾经的美好。

看到复合无果，男生绅士且真诚地告诉朋友：希望未来可以一片坦途，无论将来如何，有事可以随时找他。

旁人眼中的男生是个满分男友。

零点发祝福，真有心；温存后的相拥入眠，真有爱；责备女生的擅自做主，真有男友力；用两个小时来开导，真温柔。

"可是这些关心有用吗？"朋友反问道，"我要的不是你朋友圈的祝福，也不是你在我生理痛的时候的拥抱，更不是男友力和开导，这些关心对我一点用都没有，我要的是实质性的爱，不是你只停留在嘴上和朋友圈的关心。

"如果你真的关心我，麻烦你在我最需要的时候，出现在我的身边；如果不能的话，请你不要在事后关心我了。

"因为没有你的关心，我可能会过得更好一点。"

··

　　我的前同事杨姐，微信好友列表中有个老同学。从加了好友后，那位老同学就没找过杨姐聊天。去年开始，那位老同学每天都会给杨姐发一个因为重疾导致家庭赤贫的案例，并不遗余力地给杨姐推荐各种保险方案。

　　每当杨姐在朋友圈里发生活类的动态时，老同学都会扯到买保险上面去。

　　小孩儿感冒了——现在孩子体质弱，买个重疾险保平安，万一有个三长两短就晚了。

　　开车出了个小事故——现在私家车越来越多，买个车险防意外，天有不测风云啊！

　　新房子装修了——不要想着成年人体质强，现在因为甲醛超标导致成年人患白血病的案例很多很多，还不快买个保险！

　　后来，杨姐就把那位老同学删除了，那人在后来的同学聚会上阴阳怪气地讽刺杨姐摆谱。

　　很多人都对杨姐说："你视而不见不就得了，干吗非要删除好友啊，挺尴尬的。"

　　杨姐说她不排斥买保险，但排斥那些平时不出现，一出现就带着赤裸裸的功利性目的的人。更让人反感的是，所有的一切都是在关心的伪装下进行的。

我明明是为你好啊，你怎么能这么做呢？抱歉，如果你真的为我好，你早干什么去了？

拒绝廉价的关心，我已经过得很辛苦了，请不要再让我违心去感谢你那些毫无价值的关心，好吗？

•••

成人世界里的每一个人都带着厚重的伪装，彼此都不知道此刻所看到的面孔下藏着怎样的一个人，唯一能冰释伪装的，就是大家相处之间不经意的关心了。

我会因你在我咳嗽时递来的止咳冲剂而感恩，甚至你随口的一句"昨夜着凉了"也能让我心头一暖；我会因你在我加班时给我送来的小饼干而感恩，甚至你临走时的一句"我先走了"也能让我舒心一笑……

你不带着任何功利心，只是出于为了让我更好才来跟我说话或开导我，那才是真正的关心。

你对我只有一点点好感，这没有关系；你对我一点也不感冒，这也没关系；甚至你讨厌我、恨我，都没有关系。每个人都有表达各自意愿的权利，可你千万不要虚伪地关心我，我怕我心底的负能量会吞没你。

　　任何没有现实意义，带着目的性的关心，都停止吧！因为这非但不会给现实带来任何改善，甚至还会因为敷衍应对而引来彼此更多的不快。

　　没你的关心，也许我会过得好一点。

学会和自己对话

　　胡歌在 2018 年伊始，曾分享阿玛尼广告片的幕后故事，他在微博中这样写道："面对需要抉择的时刻，我选择坦然面对，我选择和朋友分享，我选择与自己对话。"

　　与自己对话，可以说是胡歌这几年来提到最多的一句话。也正是这句话，让胡歌撑过了因为车祸而陷入无边绝望的日子；也正是这句话，让胡歌从 2005 年的李逍遥，蜕变成了 2015 年的梅长苏。

　　学会和自己对话，即便眼前一片黑暗，心中仍有明灯。你会发现，那些你曾绕不过去的坎，都可以从自己那里找到解决方法。

　　其实道理我们都懂，只是需要时间去接受。

·

接受自己的不完美，
苦难是你的一身铠甲

　　胡歌在 2016 年曾拍过一部微电影，名为《读自己》。这不仅仅是品牌商的广告宣传片，也是胡歌这几年来的人生写照。在电影末尾，他这样说道："繁华世界，越读，越懂自己。"

　　2006 年，刚刚拍完《仙剑奇侠传》大火的胡歌，在坐车赶往横店拍戏的路上遭遇了车祸，助理当场死亡，他本人也面部严重受损，九死一生。对于一个当红流量偶像来说，面部毁容和长时间息影，几乎可以说给他的演艺生涯宣判了死刑。

　　突然的变故，给胡歌带来的打击有多大，已经不言而喻。但在经历短暂消沉后，卧病在床的胡歌开始咬着牙去直面残酷且令人绝望的现实。面对只能住院，什么也做不了的现实，胡歌选择一边读书一边写作，让自己曾因为拍戏而无法沉淀下来的内心得到充实。

　　面对严重毁容，可能一无所有的现状，胡歌用母亲的话来宽慰自己："车祸是上帝在你的脸上开了一扇窗，为了让更多人看到你的内在。"面对离世的助理，以及酿成这起事故的罪魁祸首，胡歌选择用尽所有去弥补，拼尽胸怀去原谅。

　　胡歌在病中写了《幸福的拾荒者》这本书，并将这本书所有的版权收入都给了助理的父母，更以助理的名字给捐赠的希望小学命名，用这种方式永远纪念她。更让人无法理解的是，胡歌再次收留了司机，他说，如果他不施以援手的话，司机的人生就彻底毁了。

在那段黑暗的时期，胡歌就是用这样的方法，不断和自己对话，接纳自己的不完美，接纳所有的曾经，让那些绕不过去的痛苦和折磨都可以合理地发泄和弥补。

人在绝望的时候，最容易迷失自我，在看不到尽头的黑暗里，一步步走向深渊。

在绝望中，人们因为找不到出路而痛苦，但如果可以多一点清醒，冷静地和内心对话，熬过那段晦暗的时期，你会发现命运的苦难，终会成为你的一身铠甲。

··

去尝试，你比想象中更强大

对于很多年轻人来说，慌乱和迷茫是常态。该怎么熬过那段迷茫的岁月，让无处安放的灵魂得到一处栖息之所？和自己对话，明白自己想要的，然后拼尽全力去做，去尝试，你比想象中更强大。

出生在清华园的高晓松从小就是别人家的孩子，无论是从家世还是成绩来看，进入名校，考研考博，然后成为高级知识分子才是他的人生道路。

事实上，高晓松也曾一度陷入迷茫：按照父母的期待，读完清华，出国留学读博士，然后和父母一样成为某领域的科学家。但是很快，高晓松就清醒过来，他离开人们梦寐以求的顶级名校，背着一把琴，去了南方的厦门，追寻他心中的诗和远方。

追求梦想要付出很多代价，即便才华横溢如高晓松，在最艰难的时候，也因为没钱打车，到厦大的女宿舍躲雨。

一个落魄潦倒的男文青，遇到一群可爱青春的女大学生，再之后就是《同桌的你》《白衣飘飘的年代》《青春无悔》等青春歌曲相继出炉，高晓松也正式掀起了校园民谣风的热潮。

在那之后，高晓松进军电影圈，处女作《那时花开》一出世便艳惊四座，从曾经清华大学电子工程系雷达专业的学生，变成了名动天下的音乐人、导演、制作人、词曲创作者。

正如高晓松说过的一句话：

年轻的时候，每件事情你都想明白，因为老觉得有的事情不明白，就是生活的慌张。后来等老了才发现，那慌张就是青春，你不慌张了，青春就没了。

迷茫是年轻的特权，你可以迷茫，然后去不断尝试，最后在迷雾中找到真正属于你，且适合你的人生路。

...

对很多事无能为力，
就学会和自己和解

比学会和自己对话更重要的，是学会和自己和解。

古话说："人生不如意事十之八九，能与人言无二三。"你不得不承认的是，一帆风顺并不是人生常态，人生路上会遇到很多问题，有些问题是永远无法解决的，这种时候你就要学会和自己和解。

电影《后来的我们》教会我们一个道理：爱而不得，其实是人生常态。这世上最大的死局，其实就是一厢情愿。爱情是没办法勉强的，无论用什么方法，对方不爱你就是不爱你。

有读者在后台发信息："我那么爱他，他为什么不喜欢我？"

这位读者把网上说好女友该做的事情全做了，把自己感动得稀里哗啦，但深爱的男人还是冷漠地选择了离开。分手后，她又将网上教的复合攻略用了很多遍，她觉得已经穷尽了所有办法，但是那个男人连一刻的停留也没有，头也不回，走得更快了。

读者说："该做的我都做了，为什么他就是不爱我呢？"

我想说的是："爱情从来就不是天道酬勤，努力就有回报不适用爱情。"

你要学会和自己和解，说服自己接受对方永远不爱你的现实。

爱而不得很痛苦，来自心灵的煎熬，也许会让你彻底失去对这个世界的期待，让你走入绝境，并再也没有办法走出来。

但人生并不是只有你眼前这条路可以走，并不是没有这个男人，你的人生就会成为悲剧。你的人生明明还有无数你还没有想到的可能性，要慢慢学会和不爱你的人和解，和过不去的自己和解。

••••

余生很长，不要慌张

和自己说话的过程，就是在不断自我开导的过程。

在不明白自己想要什么的时候，先想清楚自己不要什么；在陷入失恋阴影无法走出的时候，先想清楚那个爱而不得的人是不是对的人。

不知道自己想要做什么，那就让那些曾经在脑海里灵光一现的想法变成现实，人生最幸福的事就是实践梦想。没有人爱自己的时候，那你更要好好爱自己，连你都不好好对自己，还指望遇到一个视你如生命的人吗？

余生很长，不要慌张。

人生走过的路，每一步都不会白走。那些苦难和折磨，会成为你成功路上的沿途风景。

我不是没人要，我只是没找到意中人

曾听过这样一句话：相亲是当代青年男女向父母妥协的第一步。大概是写情感文章的缘故，身边很多人都愿意跟我分享他们的故事。这两天听了一位读者的故事后感慨万千，在这里分享给大家。

那位读者今年 29 岁，准确来讲，过了年就 30 岁了。作为一个在上海打拼的职场女性，这样的年纪在上海并不尴尬，但是对于老家是四线城市的她来讲，每年过年回家，逼婚和相亲都是绕不过去的话题。

从正月初一开始到正月初七，在她启程返回上海前，每天都会被安排满满当当的相亲见面会。从言语中我能听出她的绝望，而她父母在愤怒之下居然说了这样一句话："早知道你去上海会变成这个样子，从一开始我就不应该让你上学，你说你高学历，长得也不错，原生家庭又是本本分分，没什么瑕疵，为什么偏偏没有人要你呢？"

这样的话，在她听起来无疑是对过去二十几年学习工作生涯的深深"打脸"。用她父母的话来讲，那个曾经向她表白的同村哥哥，第二个孩子都快出生了，可是她连一个暧昧的对象都没有。末了读者说："我并不是没人要，我只不过是在等我那个意中人而已。"

·

有这样一种焦虑经常会出现在大城市奋斗的青年男女中：

父母保守地想让他们早日成家的心理，和他们自身想要追求完美，不愿意妥协的心理相碰撞。在这样的碰撞下，绝大多数的人会选择妥协，因为他们拗不过原生家庭，熬不过自己越来越空虚的内心。看着周围人成双入对，而他们只能和日渐高耸的发际线相伴，这样的煎熬，但凡是个普通人都没有办法忍受，因为人是会被环境改变的动物。

因此对于他们来说，也许妥协是解决所有问题最好的办法，但对于小部分人来说，与其妥协，不如继续坚持下去，既然已经坚持了这么久，为什么不等着那个真正的意中人出现？

经常会听到这样的说法：没有人可以找到那个自己想象中的人，你必须要妥协，如果你不妥协的话，你很快就会发现，你再也没办法爱上别人了，更不会有人再爱上你了。因为无论是男生还是女生，只要错过了那个年纪就不会遇到好的人了。

说实话，作为一个当代新青年，也许绝大多数人都会劝你不要妥协，因为当你妥协之后，你的内心会有不甘心，往后你们会有长达数十年的同居生活，但凡有一点不甘心在你心里，你一定会在哪一天，因为某个不经意的错误而爆发。这样的婚姻不会长久，与其将就，不如现在继续坚持下去。

但我想说的是，婚姻的本质是生活，而生活的本质就是妥协。所谓的妥协并不是让你放弃所有的标准，而是希望你可以在一些无关紧要的标准上做出让步。

也许你一开始的标准是 178cm 的身高，但我想如果对方是 175cm，而且长得还算不错的话，为什么不去试着在一起呢？

也许你的标准是对方要有房有车，房子还得是全款；但如果对方真的很上进，还是个潜力股的话，你为什么不愿意跟他一起凑首付，然后两个人一起还贷款呢？

很多时候，父母所谓的妥协也并不是希望你放弃所有的标准，而是希望你能在一个赢面比较大的情况下，留住你最完美的状态。

不得不承认的是，婚姻对于女生本来就是不公平的。男生也许到了30岁，别人会夸他有男人味，甚至会夸他成熟有担当。这样的男人不会缺年轻的姑娘，但一旦女生过了30岁这个大坎，无论你多优秀，在一些人眼中，你已经贬值了。所以，与其坚持自己所谓的标准，不如在一些无关紧要的地方做出让步，然后试着在一起。

也许一开始他给你的印象并不让你满意，但在接触的过程中也许你会发现他有很多闪光点，而这些闪光点就是支撑着你们一路走下去的基础。

··

听过这样一句话：你在亲戚眼中是什么货色，在他给你推荐相亲对象的时候你就知道了。

大家一定都有过这样的愤慨。自己明明条件还算可以，但不知道为什么，亲戚推荐来的对象都是一些很奇葩的人。也正是这些奇葩的相亲经历，会让你进一步抵触相亲，甚至一提相亲就会暴跳如雷。

不过我想说的是，相亲也不妨是一种脱单途径，通过这样的途径去认识平素根本不可能认识的人，这本身也没什么不好。

所以，适龄未婚男女们千万不要把相亲视为洪水猛兽，而是要用一个平常心去看，即便对方不符合你的心意，但多个朋友也没什么不好。

爱情最奇妙的地方不也正在于此吗？你会和一个素昧平生的人产生一些奇妙的关系，然后在此生结为灵魂伴侣，所以千万不要放弃任何一个可能让你脱单的机会，但更重要的是千万不要放弃任何一个关系到你三观的标准。

那么什么才算是三观的标准呢？举一个非常经典的例子：我喜欢看书，你不喜欢看书，这不叫三观不合；我喜欢看书，你不仅不喜欢看书，还告诉我读书是无用的事情，这才是三观不一致。

所以，你懂了吗？

•••

如果可以的话，不妨多去认识一些人；如果可以的话，不妨放弃一些根本无关痛痒的标准；如果可以的话，有机会就通过相亲多认识一些人。

那个真命天子，也许就在你的身边，只不过你从来都没有发现而已。

一个人，也要活成自己的千军万马

我曾经参加过一个关于短视频的课程，授课老师以李子柒为例，给大家详细讲述如何打造优质热门的短视频。在课程的最后，老师说了这样一段话：

绝大多数的失败者通常是没有找对方向，在剩余找对方向的失败者中绝大多数人败给了一个人的孤独。成功的路上同行者会越来越少，而你必须一个人活成自己的千军万马。

冰心说：

成功的花儿，人们只惊美她现时的明艳，然而当初她的芽儿，浸透了奋斗的泪泉，洒遍了牺牲的血雨。

如今的李子柒在人们眼中已经成为短视频领域的佼佼者，

但成功以前的她经历了漫长的沉潜，一个人拍摄，一个人剪辑，为了选择好的角度，经常同一个动作拍上几十遍。

每一个成功者的身边都聚集着千军万马，而在他成功之前，他往往已经活成了自己的千军万马。

·

在家无聊的时候，我经常会翻出一些经典老电影来消磨时光。在资本和流量为王的当代，那些历经时间考验、无论何时重温都让人有新体会的老电影里的老戏骨们，他们的人生际遇本身就充满了传奇。

作为中国香港电影皇冠上的明珠，周星驰的无厘头电影无疑已经成为一代人不可抹去的记忆。而要想创造出一部历久弥新的经典电影，光靠主角是不行的，没有那些甘愿陪衬的绿叶演员，电影就会显得单调乏味。

印象中我看的第一部周星驰电影，便是那个火遍大江南北的《唐伯虎点秋香》，让我印象最深刻的，除了周星驰，便是那位由郑佩佩饰演的华夫人。

在戏中表情丰富、情绪多变的华夫人无疑给《唐伯虎点秋香》这部电影增添了不少光彩，但很少有人知道，华夫人是郑佩佩阔别影坛后复出的第一个角色。

作为第一代武打女明星，郑佩佩选择在23岁那年急流勇退，告别纸醉金迷的影视圈，选择追随丈夫远赴美国。为了满足公婆抱孙子的心愿，郑佩佩怀孕八次，流产四次，用常人难以想象的毅力一个人在怀孕流产期间，扛起了整个家庭的重担。

在美国的那段经历应该是郑佩佩人生的最低谷，抛下了数十年努力打拼的演艺生涯，却最终还是所托非人。在生下三女一男后，郑佩佩终于还是在自己做生意亏本数十万美元的情况下，于1989年选择净身出户，告别了那桩错误的婚姻。

··

香港文化名人蔡澜曾在接受记者采访时提起好友郑佩佩："在美国的那些年，只知道她顶下一家人的生活，没听过她先生做了什么。"

承受了太多痛苦的郑佩佩并没有就此对生活自暴自弃，相反，在那段无人疼爱的人生境遇里，郑佩佩学会了一个人去面对世界的纷扰。如果婚姻已经走到尽头，那就及时止损；如果第一代打女的光环已经失效，那就从头再来。于是在1993年，郑佩佩以华夫人一角重新回归影视圈，并于八年之后的2001年以《卧虎藏龙》中碧眼狐狸的出色表演，夺得了金像奖最佳女配角奖。

郑佩佩说："《唐伯虎点秋香》开启了我表演生涯的第二春，我不能一生都用《大醉侠》来维持自己的演艺工作，整个环境变了，我试着放下自己去接受新的挑战。"

一次次的苦难，一次次的挑战，一次次的磨炼，一次次的蜕变，在时间流淌的潜移默化之间，郑佩佩已经活成了自己的千军万马。

●●●

"我觉得我没办法成功的。"我曾在深夜收到过读者的私信。在即将考研的节骨眼上，男朋友跟她闹分手，三年的恋爱随着一句"分手吧"而告终，女生回忆起从前的点点滴滴，顿时觉得前途渺茫。"没有他我真的活不下去，我已经习惯他帮我打理好一切了。"

就像是所有人憧憬的爱情一样，那个满分男友在恋爱期间包办了女生的所有日常，从每天准时准点的电话闹钟，到日常的小惊喜，女生感觉自己被爱包围，什么都不用思考，什么都不必理会。但等这个曾经承包一切的男朋友变成前任的时候，那些曾经被呵护而养成的天真烂漫，便成为女生的致命伤。

"其实，你没有你想象中那么弱，只不过你习惯了被呵护，如果已经没有人呵护你的话，不妨试着自己呵护自己。"

如果没有了电话闹钟，那就自己按照生物钟定好闹铃；如果不知道该怎么充值缴费，那就自己先摸索着去试一试；如果考研缺少人监督，那就去图书馆自习室这样学习氛围浓厚的地方。最艰难的从来都不是事情本身，而是你能否迈出第一步。

虽然不知道那个女生后来怎么样了，但我想如果她能听进去的话，那曾被人主导的人生终会重新回到自己的手中。被爱永远是幸福的，但即便是浸润在爱情里，我们也要保留自己的坚强和勇敢，因为没有人能保证，这个此时此刻跟你如胶似漆的人，在下一个人生阶段还会陪在你的身边。

••••

我衷心祝愿每一个人都能"愿得一人心，白首不相离"，但如果无奈事与愿违的话，也千万不要忘记那些你曾一个人栉风沐雨、砥砺前行的日子。

胡适先生曾言：

狮子与虎永远是独来独往，只有狐狸与狗才成群结队。人是天生惧怕孤独的动物，但人类本身也是能够忍受孤独的动物。

当你懂得一个人去面对世界纷扰的时候，当你明白生活绝大多数时间都只能一个人的时候，你才终会懂得，你应该，也必须活成一个人的千军万马。